MARK BENECKE

Lachende Wissenschaft

Aus den Geheimarchiven des
Spaß-Nobelpreises

BASTEI LÜBBE TASCHENBUCH
Band 60 556

7. Auflage: Oktober 2014

Bastei Lübbe Taschenbücher in der Bastei Lübbe AG

Originalausgabe
© 2005 by Bastei Lübbe AG, Köln
Textredaktion: Werner Wahls, Köln
Register: Barbara Lauer, Bonn
Umschlaggestaltung: HildenDesign, Frau Barth, München
Titelbild: Stockfood/Getty images
Satz: hanseatenSatz-bremen, Bremen
Druck und Verarbeitung: CPI books GmbH, Leck – Germany
Printed in Germany
ISBN 978-3-404-60556-9

Sie finden uns im Internet unter
www.luebbe.de
Bitte beachten Sie auch: www.lesejury.de

»Improbable as it is, all other explanations are more improbable still.«
Sherlock Holmes: *Silver Blaze* (1892)

»Hier im Nebel sind wir alle gleich.«
François Villon (1431– nach 1463): *Eine Ballade für den Hausgebrauch im Winter*, übersetzt von Paul Zech.

Logo der *Annals of Improbable Research* (AIR).
Besuchen Sie die Homepage dieser Zeitschrift unter
www.improb.com

INHALT

Einleitung 11
Alte Männer verschätzen sich in der Anzahl ihrer
    Sexualpartnerinnen 15
Schnarchende schreiben schlechtere Klausuren 18
Krach im Esszimmer lässt sich durch Nachtisch
eindämmen 20
Klebrige Duschvorhänge 22
    Bernoulli und Bananenflanken 25
Tödliche Getränkeautomaten 29
Lehrende laufen Gefahr, sich in Studentinnen zu
    verlieben 32
    Ausziehungskraft junger Frauen 34
Kekse für Kenner 38
Neurobiologie und Psychophysik von Sprudelwasser 40
Grizzlybären fürchten Cola 44
Schädliches Gekritzel im Lehrbuch 50
Panikanfälle und Käse 52
Mozarts Flüche 54
Langlebigkeit in der Ehe 57
    Ehe und Shopping 61
Jobzufriedenheit ist genetisch 65
Exponentieller Schaum und steigende Pegel 67
Geruchskarten 71
Viel THC ist besser als wenig THC 74

Gib ihm Scharfes	76
Tropfender Teer	81
Humor ist nicht erblich	86
Barks' Thierleben	90
Fußfetischismus in Zeiten der Cholera	93
Schafe mögen keinen Hundekot	96
Wackeln stört Lesende	98
Die Eheformel	101
Sympathische Keime	104
Nackte verhindern Nachdenken	108
Staubige Vögel	111
Börsenhandel und Idiotie	114
Hühner bevorzugen schöne Menschen	117
Mücken und Limburger Käse	120
»Fuck« fördert den Arbeitsfrieden	122
Schlafzimmer spiegelt die Seele	124
Aggression im Auditorium	126
Eiskalte Penisknochen	128
Spuckende Igel	131
Fallschirmspringen lohnt sich nicht	134
Frauenversteher und Pornografen	137
Taxifahren in Nigeria	143
Wer trinkt, verdient mehr	146
Köstliche Kaulquappen	149
Große Füße	153
Kreischende Kreiden	158
Später sterben spart Steuern	162
Die Menge macht's	165
John Trinkaus und der Weihnachtsmann	168
Murphys Gesetz	178
Wer dumm ist, findet sich prima	185
Worüber Chinesen lachen	191

Blutegel und saure Sahne	194
Prolet gegen Professor: Rennen, ey?	198
Martinis muss man schütteln	201
Martinis muss man rühren	204
Individualität bei Goldfischen	207

Anhang
Wissenschaftliche Begriffe	213
Weiterführende Literatur (kleine Auswahl)	230
Veröffentlichungen des Autors (Auswahl)	231
Register	234

EINLEITUNG

Wissenschaftler mögen sich mit Geld, Sex, dem Zustand der Welt oder der Gesundheit herumärgern, aber ein Problem haben sie nie: Langeweile. Diese Aussage werden Sie immer wieder hören, wenn Sie Forscher fragen, warum sie ihr scheinbar so spezielles und langweiliges Fach gewählt haben. »Es gibt in meinem Gebiet noch so viel Neues zu entdecken«, heißt es dann, »mein Leben reicht dazu nicht aus.«

Ein bunter Trupp internationaler Forscher hat sich vorgenommen, dabei das Lachen nicht zu vergessen. Viele dieser Forscher arbeiten gemeinsam an der Zeitschrift *Annals of Improbable Research* (AIR). Dort sammeln sie alles, was sich zwar verrückt anhört, aber doch mit dem Werkzeugkasten der heutigen Wissenschaften ermittelt wurde.

Im Laufe der letzten zehn Jahre hat sich diese kleine, nerdige* (mit Sternchen * gekennzeichnete Ausdrücke werden am Ende des Buches in dem Kapitel »Wissenschaftliche Begriffe« näher erläutert) Sammlung von Forschungsarbeiten unerwartet stark ausgeweitet. Neben den Ig-Nobelpreisen*, die jedes Jahr an der Harvard-Universität in Cambridge (USA) kurz vor den echten Nobelpreisen verliehen werden, bringt beispielsweise das deutschsprachige *Laborjournal* eine monatliche Kolumne vor allem mit Forschungsbeiträgen, die es trotz Nominierung *nicht* zum Ig-Nobelpreis geschafft haben. Hier finden sich oft noch witzigere Ideen als bei den preisgekrönten Arbeiten.

Radio Eins/ORB 1 sendet seit sechs Jahren jeden Samstagmorgen live eine Minishow mit ig-noblem Inhalt aus Berlin/Brandenburg. Es gab dabei, passend zum Inhalt der Sendungen, immer wieder denkwürdige Sendeorte, beispielsweise eine Alpenhütte, den Hamburger S-Bahnhof »Schlump«, eine heruntergekommene Telefonzelle an der Kreuzung Second Avenue / St. Mark's Place in Manhattan, einen brasilianischen Hotelkeller, ja sogar einen Bahnsteig in Transsilvanien.

Manchmal werden Ig-Nobelpreise auch an Forschende verliehen, die sich selbst gar nicht als Wissenschaftler bezeichnen würden. Dazu zählen der Erfinder des Grizzlybären-Schutzanzugs (Sparte Sicherheit, 1998, siehe: *Grizzlybären fürchten Cola*) und der Vatikan, der neuerdings bezahlte Auftragsgebete von preiswerten Priestern in Indien beten lässt (Wirtschaft, 2004).

Ein besonders großes Herz hat das AIR-Team für forschende Kinder. Sie sind von Natur aus gute Forscher, denn Kinder fragen immer weiter »Warum?« – mag die Umgebung darüber auch noch so genervt sein. Genau das machen Wissenschaftler auch. Deshalb ist es kein Wunder, dass der verrückte Forscher im Kino meist kauzig, zurückgezogen und scheinbar zerstreut ist. Er konzentriert sich auf Fragen, die dem Rest der Welt egal sind, wenn nicht sogar ziemlich abstrus erscheinen. Sehr wirklichkeitsnah ist das beispielsweise in dem Film *Das Schweigen der Lämmer* umgesetzt, in dem zwei Zoologen mit Kakerlaken Schach spielen. Ich könnte auf Anhieb mehrere Kollegen nennen, die so etwas schon gemacht haben.

Um auch normale Menschen zum Tüfteln anzuregen, hat der Herausgeber der *Annals of Improbable Research*, Marc Abrahams, eine kleine Anleitung verfasst, wie man auch ohne Laborgeräte jede beliebige Forschungsarbeit prüfen kann:

Suchen Sie sich einen Forschungsbericht heraus, der Sie besonders interessiert.

Die Autoren des Artikels (und die Gutachter) haben den Artikel geschrieben und zum Abdruck freigegeben, weil sie meinen, etwas bislang Unbekanntes herausgefunden zu haben.

1. Stimmt das, was im Artikel steht? Wann »stimmt« überhaupt etwas?
2. Haben die Autoren mit ihrem Experiment die Frage geprüft, die sie prüfen wollten?
3. Gibt es mindestens eine bessere oder genauso gute andere Erklärung als diejenige, welche die Autoren als richtig annehmen?
4. Sind die Autoren sich selbst gegenüber absolut ehrlich? Beweisen ihre Messergebnisse wirklich etwas, oder biegen die Autoren bloß alles in Richtung ihrer (Wunsch-)Annahme?
5. Das Forschungsgebiet des Autors hört sich komisch an. Ist es das?
6. Das Forschungsgebiet des Autors hört sich wichtig und fortschrittlich an. Ist es das?

Sie sehen: Ein Forscher glaubt erst einmal gar nichts. Seien auch Sie respektlos, wenn Ihnen ein wissenschaftliches Ergebnis seltsam vorkommt. Denn weder »das wurde aber untersucht« noch »amerikanische Wissenschaftler haben herausgefunden«, noch ein Doktor- oder Professorentitel beweisen irgendetwas. Nur Experimente tun das.

Viele Experimente, selbst solche, die auf den ersten Blick als Unsinn erscheinen, erklären etwas, das bis dahin wirklich niemand wusste. Und nur darum geht es den Forschenden:

Splitter der Welt zu verstehen – und wie kleine Kinder ewig weiter »Warum?« zu fragen.

Köln und Peking, Mai 2005
Mark Benecke

ALTE MÄNNER VERSCHÄTZEN SICH IN DER ANZAHL IHRER SEXUALPARTNERINNEN

Glaubt man Umfragen unter Männern, so haben sie bis zu viermal mehr Bettgefährtinnen als Frauen Bettgefährten. Das ist natürlich nicht möglich. Es muss ein ungefähres Verhältnis von eins zu eins herauskommen.

Eine mögliche Erklärung für den drei- bis vierfachen Frauenüberschuss wären Besuche bei Prostituierten oder mehr oder weniger flotte Dreier mit mehreren Frauen pro Mann. Doch das wollte Martina Morris, heute Soziologie-Professorin an der Universität Washington, nicht glauben. Stattdessen vertiefte sie sich am Institut für Mathematik der Universität Cambridge in England und an der Columbia-Universität in New York in alle seriösen Befragungen zur Anzahl von Geschlechtspartner und -partnerinnen.

Dass auf der Erde viermal mehr Frauen als Männer leben, konnte sie dabei als mögliche Erklärung ausschließen. Das Verhältnis liegt heute zum Zeitpunkt der Geburt in reichen Ländern bei ungefähr 1,06 Jungen pro einem Mädchen.

Auch einen Stichprobenfehler (Stichprobe*) konnte sie nicht ausmachen. Ein Beispiel für einen solchen wäre, dass nur 60-jährige Männer und unter 16-jährige Frauen befragt worden wären. In diesem Fall hätte man eine tatsächlich vorhandene, unterschiedliche Gesamtzahl von Sexualpartnern ermittelt.

Auch Prostituiertenbesuche erklärten den starken Überhang nicht. Innerhalb von fünf Jahren nahmen nur ungefähr drei Prozent der Männer die Dienste der in den USA höflich *com-*

mercial sex workers genannten Damen in Anspruch. Obwohl diese Zahl etwas zu niedrig liegen dürfte, spiegelt sie aber doch wider, dass auch hier kein Verhältnis von eins zu vier entstehen kann.

Nun wurde es spannend. Kollegin Morris entzerrte die verschiedenen Statistiken auf einer verlängerten Y-Achse (= Anzahl Geschlechtspartner) und fand, dass es haargenau bei angeblich 30, 40, 50 und 100 Geschlechtspartnern unerklärliche Häufungen gab – aber nur bei den befragten Männern, nicht bei den Frauen.

Daraus folgt: (Vor allem ältere) Herren können sich erstens nicht so genau an die Anzahl ihrer Partnerinnen erinnern und runden deshalb auf.

Zweitens verschätzen sie sich im Zweifel kräftig nach oben, weil das offenbar sozial erwünscht ist. In Wahrheit, so zeigt die Detailanalyse, haben 90 Prozent der Menschen weniger als 20 Geschlechtspartner in ihrem Leben. Bei dieser – der größten – Gruppe sinkt das Geschlechterverhältnis dann auch auf sinnvolle 1,2 zu 1.

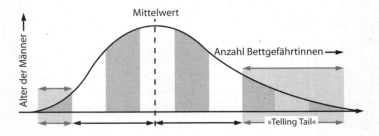

Manchmal entstehen in Statistiken auf einer Seite Überhänge (*telling tails*). Die so genannten Fehlverteilungen können ForscherInnen irreführen, wenn sie beispielsweise glauben, dass eine gleichmäßige, glockenförmige Verteilung vorliegen müsste. Der dann errechnete Mittelwert (siehe Pfeil) ist in solchen Fällen zwar rechnerisch richtig, trägt aber nicht die erfragte Information.

Drittens gibt es einige Männer, die tatsächlich eine sehr hohe Anzahl von Partnerinnen haben und dies in Befragungen auch gern zugeben. Das bewirkt aber eine nach oben verzerrte durchschnittliche Anzahl von sexuellen Gefährtinnen. Wissenschaftlich heißt dieser verfälschende Effekt *telling tails*. Gemeint ist damit, dass die in einer Kurve aufgetragenen, seitlichen Ausziehungen *(tails)* auf einer Seite einen überstarken Einfluss auf das Ergebnis ausüben (siehe Abb.).

Wenn Sie die Untersuchung der Kollegin Morris im Bekanntenkreis fortführen wollen, hier noch ein Tipp von ihr: Fragen Sie ältere Herren wegen derer Gedächtnis-Ungenauigkeiten nur nach der Anzahl der Sexualpartnerinnen innerhalb der letzten fünf Jahre (also nicht im Verlauf des gesamten Lebens). Da sich die meisten Menschen wenigstens an die letzten Jahre noch erinnern können, tritt der Häufungsfehler bei den runden Zehnerwerten nicht mehr auf.

Ig-Gesamtnote: Herrlich. Leider zu spät eingereicht beziehungsweise vom Komitee verbummelt. Erhält von mir aber eine titanene Erwähnung für konsequente Anwendung gesunden Menschenverstandes (TEfkAgM).

Martina Morris (1993), »Telling tails explain the discrepancy in sexual partner reports«. In: *Nature*, Nr. 365, S. 437–440.

SCHNARCHENDE SCHREIBEN SCHLECHTERE KLAUSUREN

Zu den Lieblingsthemen des Ig-Nobelpreiskomitees zählen ungeklärte Beziehungen zwischen Ursache und Wirkung. Beispiel: Je mehr Störche in einem Dorf leben, desto mehr Kinder gibt es dort. Stimmt! Der Grund für den Kindersegen ist aber, dass in größeren Dörfern sowohl mehr Störche als auch mehr Familien Platz haben (Storchproblem*).

Wie ist es nun mit folgender Beobachtung, die 1999 von den Kollegen Ficker, Wiest, Lehnert, Meyer und Hahn von der Erlanger Uniklinik veröffentlicht wurde? Die Forscher befragten gut 200 StudentInnen während (!) der internistischen Abschlussprüfung, indem sie einen Zusatzblock in deren Multiple-Choice-Test einschleusten. Frage 46 wurde nicht bewertet und lautete:

(A) Mir wurde noch nie gesagt, dass ich schnarche.
(B) Ich schnarche manchmal.
(C) Ich schnarche häufig.

Drei Viertel der braven Studierenden freuten sich über die einfache Frage und gaben zudem Alter, Geschlecht, Größe und Gewicht an. Ergebnis: Die 39 Prozent Nichtschnarcher hatten im Schnitt 31 von 45 Testfragen richtig beantwortet, die gelegentlichen Schnarcher lagen mit 29 richtigen Antworten zwei Punkte darunter. Am schlechtesten schnitten die häufigen Schnarcher mit nur 27 korrekten Antworten ab.

Katastrophal auch die Lage bei den Totalversagern: 42 Prozent stammten aus den Reihen der Superschnarchenden, 22 Prozent von ihnen schnarchten gelegentlich, und nur 13 Prozent waren ruhige Bettgenossen. Auffällig war allerdings, dass der Body-Mass-Index mit zunehmender Schnarchdichte stieg, und dass außerdem die meisten starken Schnarcher Männer waren.

Die Untersuchenden vermuteten, dass nicht das Schnarchen (= weniger tiefer Schlaf; durch Apnoe weniger Sauerstoff im Blut und damit im Gehirn) allein Grund der mangelnden Leistungen sein muss, sondern dass umgekehrt Menschen, die viel Alkohol trinken und Drogen konsumieren, häufiger schnarchen. Ob die von Studenten des Öfteren eingenommenen Aufputschmittel diesen Effekt bewirken, konnte während der Klausur nicht geprüft werden.

Ig-Gesamtnote: Bleibt in der Wiedervorlagemappe.

Joachim Ficker / Gunther Wiest / Gerhard Lehnert / Michael Meyer / Eckhart Hahn (1999), »Are Snoring Medical Students at Risk of Failing their Exams?« In: *Sleep*, Nr. 22, S. 205–209.

KRACH IM ESSZIMMER LÄSST SICH DURCH NACHTISCH EINDÄMMEN

Nach einem anstrengenden Vormittag im Labor – die Mitarbeiter haben wieder keinen Kaffee gebracht und die H-Milch im Sozialraum ist auch sauer – ist es Zeit für einen Mittagsschmaus in der Mensa. Riesenproblem: Der höllische Krach, den die vielen Gutgelaunten durch Klatsch und Tratsch am Nachbartisch verursachen.

Die Psychiater Michelson, Dilorenzo, Calpin und Williamson, natürlich aus den USA, haben ein Verhaltenstraining erprobt, um für Ruhe am Tisch zu sorgen. Schon 1969 hatte sich herausgestellt, dass kleine Belohnungen dabei helfen. Versprach man Kindern beispielsweise um zwei Minuten verlängerte Pausen, wenn ihr Lärmpegel 42 dB nicht überstieg, so blieben sie auch nach dem Verhaltenstraining friedlicher.

Da moderne Menschen frische Luft nicht als Belohnung ansehen, musste in den 1980ern ein neuzeitlicheres Mittel her. Unter Extrembedingungen (in der Kinderpsychiatrie) wurde Folgendes erprobt: Von 11.35 bis 12.05 Uhr mussten sich die randalierenden Kinder an vier Tische in einem 7,7 mal 4,6 Meter kleinen und drei Meter hohen Raum setzen und essen. Ein Zähler registrierte alle Krachspitzen, die 76 dB überstiegen. So ging es sechs Tage lang. Blieb der Lärm erträglich, gab es nachmittags Eis, andernfalls nichts.

Ergebnis: Die Kinder arbeiteten sich von fast 200 Lärmübertretungen pro Minute auf nur noch einen Krachgipfel pro Sekunde herab.

Wurde das Lärm-Zählgerät allerdings entfernt, gewann das Remmidemmi rasch wieder Überhand. Auch andere Tischmanieren ließen sich langfristig nur mit Überwachungsmaschine auf 50-Prozent-Niveau durchsetzen. Dazu gehörten: Benutzung von Gabel und Löffel statt der Hände; Gesäß muss Sitzfläche des Stuhls berühren; alle vier Stuhlbeine müssen Kontakt zum Fußboden haben.

Keine Hoffnung also für friedliebende Mensabesucher.

Ig-Gesamtnote: Fragwürdiger Menschenversuch, noch dazu gescheitert. Daher vom US-Teil der Jury abgelehnt.

Larry Michelson / Thomas Dilorenzo / James Calpin / Donald Williamson (1981), »Modifying excessive lunchroom noise. Omission training with audio feedback and group contingent reinforcement.« In: *Behavior Modification*, Bd. 5, S. 553–564.

KLEBRIGE DUSCHVORHÄNGE

Die Physik-Lehrenden der Welt irren, obwohl es ein so schönes Schulbeispiel ist: Der Bernoulli-Effekt (siehe: *Bernoulli und Bananenflanken*) ist nur teils daran schuld, dass Duschvorhänge in kleinen Nasszellen stets ihre eiskalten Falten in Richtung Nieren und Gesäß der menschlichen Opfer ausstrecken.

Dem Kollegen David Schmidt von der Universität Massachusetts war es komisch vorgekommen, dass ein Duschstrahl – genauer gesagt, die dicken Duschwassertropfen – für den entstehenden Unterdruck verantwortlich sein sollten. Als Experte für feinst verteilte, sehr schnell bewegte Tröpfchen setzte Schmidt sich daher nach getaner Arbeit an seinen heimischen Rechner und baute dort eine Nasszelle aus 50 000 Mini-Raum-Einheiten nach. Dann ließ er die Lieblings-Software der Flüssigkeitsdynamiker darüberlaufen.

Erstaunlicherweise zeigten sich dabei nur direkt am Duschkopf starke Bernoulli-Effekte. Sobald sich die dicken Tropfen beim Fallen spalteten, bewirkten sie stabile Verwirbelungen der sie umgebenden Luft. Diese kleinen Möchtegern-Windhosen bestehen zwar immer nur so lange, wie Wasser nachströmt. Ihr Sog bewirkt aber zugleich unvermeidlich, dass der Duschvorhang auch im unteren Körperbereich angezogen wird, wo Bernoulli-Kräfte mangels dicker Tropfen nicht mehr stark wirken würden. Gerade da also, wo der Körper des Duschenden am empfindlichsten ist, schmiegt sich das nasse Textil durch Wirbelwind-Unterdruck anstelle der Bernoulli-Kräfte an.

Klebrige Duschvorhänge 23

Verwirbelungen durch kleine Duschtropfen bewirken, dass der Duschvorhang an den Körper der Duschenden greift. Simulation von David Schmidt mit Software von Fluent Inc.

»Es sind echte Wirbelwinde, die in der Duschzelle herrschen«, sagt Schmidt, »allerdings liegen die Wirbel auf der Seite und saugen den Vorhang daher auch seitlich zum Duschenden an.

Der Wirbel entsteht, weil die Tropfen zwar von der Schwerkraft nach unten gezogen, aber gleichzeitig vom Luftwiderstand gebremst werden. Da für jede Aktion eine gleiche Gegenaktion besteht, bewegt sich stattdessen nun die Luft. Die entstehenden stabilen Luftkreisel sind die Mini-Windhosen.«

Würden die Duschtropfen während ihres Fallens dick bleiben, dann gäbe es keine Windhöschen, sondern nur oben in der Duschzelle einen normalen Bernoulli-Unterdruck. Dort würde er uns aber nicht stören, denn das nasse Textil ist hier an einer Stange befestigt und kann sich dem Körper nicht nähern.

»Wichtig ist«, schiebt Kollege Schmidt per E-Mail nach, »dass ich das Ganze nur für kaltes Wasser untersucht habe. Ich erhalte ständig Anfragen, was passiert, wenn man warm duscht. Ich sage dann einfach, dass ich eben kaltes Duschen vorziehe. Die Wahrheit ist: Bei warmem Wasser wird der Duschvorhang wahrscheinlich noch stärker und schneller angesaugt.«

Übrigens sind Duschvorhänge auch sonst eine spannende Sache. Bei der Recherche lernte ich beispielsweise, dass die fiesen Dinger vor ihrer Beschichtung mit Wasser abweisenden Materialien »gekrumpft« werden. »Nur so kann eine einlaufsichere, bügel- und geruchsfreie Ware erzielt werden«, verriet uns ein V-Mann, blieb aber angesichts des neuen Terminus technicus (gekrumpft?) ungewollt kryptisch.

Ig-Gesamtnote: Ohne Funding*, mit viel Aufwand (zwei Wochen am privaten Rechner) und in der Freizeit erforscht, dazu nützlich und interessant: Den Ig-Nobelpreis für Physik nahm Prof. Schmidt im Jahr 2001 in Harvard persönlich entgegen. Er bedankte sich bei der Jury mit zwei Duschhauben.

BERNOULLI UND BANANENFLANKEN

Wenn Flüssigkeiten und Gase strömen, üben sie einen geringeren Druck auf ihre Umgebung aus, als wenn sie sich nicht bewegen. Je höher die Geschwindigkeit, desto geringer wird der Druck, den sie auf irgendetwas ausüben.[1]

Warum hebt ein Flugzeug vom Boden ab, wenn es anrollt? Nach einer Regel, die man auf den Schweizer Forscher Daniel Bernoulli (1700–1782) zurückführt, liegt das nicht daran, dass die Luft die schräg gestellten Flügel einfach »nach oben drückt« (so wie eine schräg gestellte Hand, die man aus dem Fenster eines fahrenden Autos streckt). Denn wenn das Hochdrücken auch bei Flugzeugen funktionieren würde, bräuchten die Tragflächen nicht so eigentümlich gekrümmt sein, wie sie es sind.

Das Flugzeug soll stattdessen nach oben *gesaugt* werden. Der Grund: Die Tragflächen sind auf der Oberseite stärker gekrümmt, sodass die Luft dort einen längeren Weg zurücklegen muss als auf der weniger stark gekrümmten Unterseite der Tragfläche. Die »gehetzte«, oben schneller

---

[1] Bei Gasen bleibt die Summe aus statischem Druck und kinetischer Energiedichte immer gleich. Deswegen muss in einem Rohr mit unterschiedlichem Querschnitt der statische Druck an engen Stellen kleiner sein als an weiten Stellen. Dort, wo der Rohrquerschnitt geringer ist, herrscht also ein Unterdruck im Vergleich zum Druck außerhalb des Rohrs.

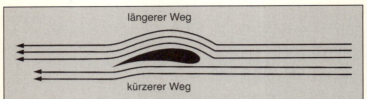

Die Luft auf der Oberseite des Vogel- oder Flugzeugflügels legt einen längeren Weg zurück als die Luft auf der Unterseite. Das soll einen Unterdruck auf der Oberseite des Flügels, also den Zug noch oben hin, bewirken.

strömende Luft soll einen Unterdruck erzeugen, der das Flugzeug nach oben hebt.

Richtig überzeugend ist diese Erklärung zumindest bei Flugzeugen aber nicht, denn die Luft auf der Oberseite des Flügels »weiß« ja nicht, wie schnell die Luft auf der Unterseite strömt. Man vermutet heute, dass der Bernoulli-Effekt an Tragflächen komplizierter verläuft, nämlich durch zusätzliche Luftverwirbelungen. Diese erzeugen den Unterdruck. Auch die Experimente mit den Tropfen am Duschvorhang zeigen, dass die Schulbucherklärungen zwar sehr schön, aber deswegen nicht unbedingt richtig sind.

Den Bernoulli-Effekt gibt es aber trotzdem, und er erklärt sehr viele Alltagserscheinungen:

- Fährt ein Motorrad nah an einem LKW vorbei, wird es an den Laster gesaugt. Der Grund: Durch den verengten Raum zwischen LKW und Motorrad strömt die »eingeengte« Luft schneller. Das erzeugt einen Bernoulli-Unterdruck. Dasselbe passiert langen Ruderbooten, die auf einem Fluss an einem Frachter vorbeifahren. Im entstehenden Spalt zwischen Boot und Schiff fließt nun aber nicht die Luft, sondern das Wasser schneller und erzeugt die Saugwirkung. Der Sog entsteht auch bei gleich großen Objekten, beispielsweise zwischen zwei Frachtern, die während des Überholens auf einem Fluss nebeneinander fahren und dabei aneinander gezogen werden.

- Auch bei Eckbällen wirkt der Bernoulli-Effekt. Der Fußball wird dabei etwas seitlich angekickt, sodass er einen Drall erhält. Durch die raue Oberfläche des Balls wird eine dünne Luftschicht mitgedreht. Dabei entsteht ein leichter einseitiger Unterdruck. Der Bogenflug des Balls (Bananenflanke, Eckball um die Mauer herum) entsteht aber erst durch eine weitere Kraft. Auf derjenigen Seite des Balls, auf der die normale Umgebungsluft entgegen der mitgerissenen Luftschicht um den Ball strömt, entwickelt sich eine Querkraft, die zusammen mit dem Unterdruck den Ball eine Kurve fliegen lässt. Je schneller sich der Ball dreht, desto gebogener ist die Flugbahn, ein Effekt, den auch Tischtennis- (Schnippeln) und Tennisspieler (Topspin, Slice) kennen. Diese Kraft heißt nach ihrem Entdecker Heinrich Gustav Magnus (1802–1870) Magnus-Effekt.
- Ein stets verblüffendes Experiment in der naturwissenschaftlichen Anfängervorlesung ist dieses: Durch ein Rohr, das in eine Platte mündet, wird reichlich Luft gegen die Saaldecke geblasen. Nähert man das Rohr der Decke, so »klebt« es auf einmal daran fest und kann sogar ein ordentliches Gewicht tragen.

Zur Erklärung dient die Bernoulli-Regel. Zwischen der Platte und der Zimmerdecke entsteht ein Spalt. Die dort eingeengte Luft wird schnell hindurchgepresst und erzeugt dabei einen Unterdruck im Vergleich zur Luft im übrigen Raum. Darum saugt sich die Platte an, obwohl der Luftstrom auf die Zimmerdecke gerichtet ist. Man müsste eigentlich vermuten, dass dieser Luftstrom das Rohr von der Decke wegdrückt – ohne die zusätzliche Platte würde das auch geschehen.

Das Ganze funktioniert auch um 180 Grad gedreht: Steckt man einen Strohhalm bündig durch einen Bierdeckel und pustet hinein, so kann man ein Blatt Papier problemlos damit ansaugen – obwohl man dagegen pustet.

- Unsere Stimmlippen werden nicht nur durch Muskeln, sondern auch durch Bernoulli-Luft bewegt. Strömt zwischen ihnen beim Sprechen oder Singen Luft, so geraten sie näher aneinander und schließen sich ganz, um sich dann, mangels Luftstrom, sofort wieder zu öffnen. Das geht blitzschnell – bei Männern etwa 125-mal pro Sekunde (tiefe Stimme), bei Frauen ungefähr 200-mal pro Sekunde (höhere Stimme) und bei Kindern etwa 300-mal (hohe Kinderstimme). Die Stimmlippen können aber auch bewusst oder vererbt länger oder kürzer beziehungsweise mehr oder weniger gespannt sein. So kommt es, dass sie bei sehr tiefen Stimmlagen nur 80 Schwingungen pro Sekunde, bei hellen Sopranlagen aber auch bis zu 1 000 pro Sekunde ausüben.

TÖDLICHE GETRÄNKEAUTOMATEN

Das Ig-Nobelpreiskomitee hat manchmal einen morbiden Humor. Es begann 1992, als die ärztlichen Kollegen Cosio & Taylor berichteten, dass neuerdings Menschen unter der Last von 324 Kilo (leer) bis 455 Kilo (voll) schweren Getränkeautomaten verstarben. Merkwürdig war dabei, dass es sich bei den Opfern erstens meist um US-Soldaten handelte, die zweitens im Ausland stationiert waren und drittens durchschnittlich nur 19,8 Jahre alt waren. Noch merkwürdiger war, dass die starken Jungs immer auf dem Rücken, also mit dem Gesicht zum auf ihnen liegenden Apparat, angetroffen wurden.

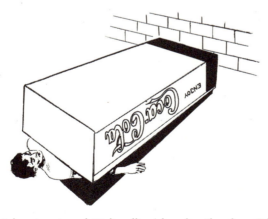

Wer Getränkeautomaten schüttelt, sollte sich vorher über deren Schwerpunkt informieren. Zeichnung nach Spitz & Spitz, 1990.

Ein Blick in die Literatur brachte auch in den USA Erschreckendes zutage. 1989 waren in San Diego vier Automatenopfer zu beklagen (zwei hatten mit Brüchen und Schwellungen überlebt), eine andere Studie brachte 19 weitere Fälle aus der Gegend um Washington an den Tag (vier Tote, 15 Verletzte). 1987 war das Jahr des schlimmsten Getränkeautomaten-Terrors: 22 Opfer der wild gewordenen Maschinen wurden in Krankenhäuser oder Leichenhallen eingeliefert.

Was geschehen war, konnten die in 15,5 Prozent der Fälle anwesenden Begleiter der Erdrückten erklären. Unter den jungen US-Soldaten kursierte das Gerücht, kräftiges Rütteln am Automaten zwänge diesen zur Gratisgabe eines Getränkes.

Das stimmte auch. Allerdings lag der Schwerpunkt der Automaten sehr hoch, weil die Suppen und Säftesirups in Plastikkanistern in der oberen Hälfte der Geräte sitzen. Bei zu heftigem Zerren und Reißen verlagert sich der Schwerpunkt unvermutet in Richtung Schnorrer.

Die jungen Leute – anstatt wegzulaufen – rissen nun reflexartig ihre Arme nach vorn und sanken so langsam aber sicher

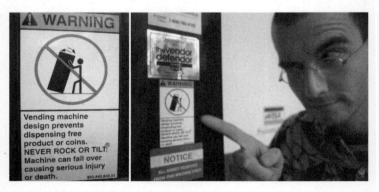

Da der Schwerpunkt der Maschinen nicht mehr umkonstruiert werden kann, mussten Warnaufkleber angebracht werden.

samt Getränkespender auf den Boden. Helfen konnten sie sich nicht, denn 450 Kilogramm sind auch für gut trainierte Soldaten nicht mehr zu stemmen. Die Schwächeren wurden erschlagen, die Stärkeren erstickten nach langsamer Brustkorb- und Lungenkompression.

Folge: Die Automaten werden heute entweder angekettet oder mit Klebeschildchen versehen, auf denen steht: »Nicht rütteln!« Der Autor hat sich an der FBI-Akademie und anderswo in den USA schon aus solchen Geräten bedient.

Es gibt sogar einen Namen für das traurige Syndrom: »Soda Pop Vending Machine Injuries« oder kurz »Killer Pop Machines«. Höhere Dienst-Ränge waren bislang von den Automaten übrigens nicht betroffen. Die Oberen verdienen wohl genügend, um eine Dose Limo bezahlen zu können.

Ig-Gesamtnote: Heiß geliebt vom deutschen Jurymitglied, das in der Kindheit die österreichische Krimiserie *Kottan ermittelt* sah (dort verliert der Kaffee-Automat den fairen Kampf gegen die Menschen zuletzt). Wegen Geschmacklosigkeit von allen anderen abgelehnt.

M. Cosio (1988), »Soda Pop Vending Machine Injuries«. In: *Journal of the American Medical Association*, Nr. 260, S. 2697 ff.

Daniel Spitz / W. Spitz (1990), »Killer Pop Machines«. In: *Journal of Forensic Sciences*, Nr. 35, S. 490 ff.

LEHRENDE LAUFEN GEFAHR, SICH IN STUDENTINNEN ZU VERLIEBEN

Im Jahr 2000 wurde endlich bewiesen, was mancher Vaterschaftstest in meinem Labor schon andeutete: Wenn Männer von jüngeren Frauen umgeben sind, finden sie die eigene Lebensabschnittsgefährtin weniger attraktiv. Das zeigten bereits Versuche aus dem Jahr 1989, in denen Männer nach experimentellem Konsum von *Playboy*-Heften schlechtere Noten für ihre Beziehung abgaben als »playboylose« Vergleichspersonen. Die Frage war nun, ob die Beobachtungen aus dem Psycholabor auch auf die Wirklichkeit übertragbar wären.

Satoshi Kanazawa und Mary Still fiel beim Nachdenken darüber Folgendes auf:

1. Die Gesamtheit der US-College-Professoren beziehungsweise Gymnasiallehrer lassen sich im Vergleich zum untersuchten Bevölkerungsdurchschnitt seltener scheiden.
2. Betrachtet man allerdings nur Männer (also keine Frauen), dann ergibt sich eine signifikant erhöhte Menge von zurzeit Geschiedenen ($p^* < 0{,}5$).

Wie das? Politisch inkorrekt, aber biologistisch bündig schlagen die Autorinnen folgende Erklärung vor: »Lehrer treffen dauernd auf Frauen, die sich auf dem Höhepunkt ihrer Fortpflanzungsfähigkeit befinden ... Im Vergleich zu den meisten erwachsenen Frauen haben Schülerinnen auch den von Männern bevorzugten geringeren Hüfte-zu-Taille-Quotienten.«

Seltsam bleibt, dass die dauernd derart verführte Zielgruppe nicht häufiger geschieden ist als die restliche Bevölkerung. Einzige Erklärung: Lehrende heiraten nur widerwillig, sowohl in jüngeren Tagen als auch nach der ersten Scheidung. Wegen ihres heiratsmuffeligen Verhaltens bleibt trotz der dauernden Hüfte-zu-Taille-Belastung die Gesamtzahl der Scheidungen im Normalbereich.

Mir fällt allerdings noch eine andere Erklärung ein: Was, wenn die Lehrer allesamt bärtige Käuze sind, die schlicht einen Korb nach dem anderen kassieren und deshalb geschieden oder unverheiratet ihr Dasein fristen? War nur so ein Gedanke.

Ig-Gesamtnote: Eloquente, grausame und wahre Erkenntnisse: für US-Amerikaner schwer erträglich und daher in der Kommissions-Schlussrunde abgeschmettert.

Satoshi Kanazawa / Mary Still (2000), »Teaching may be hazardous to your marriage«. In: *Evolution and Human Behavior*, Nr. 21, S. 185–190.

AUSZIEHUNGSKRAFT JUNGER FRAUEN

Die Lehrerstudie (»Lehrende laufen Gefahr, sich in Studentinnen zu verlieben«) zeigt je nach Lesart, dass Männer dem Reiz junger Frauen nicht entgehen können – oder wollen. Es war für uns sehr spannend zu verfolgen, wie die Untersuchung aufgenommen werden würde. Denn dem einen mag es ganz selbstverständlich erscheinen, dass junge Frauen eine starke Anziehungskraft haben, dem anderen aber überhaupt nicht. Auch kulturell lässt sich in die Ergebnisse alles Mögliche hineindeuten, vom europäischen »typisch Mann« (oder »typisch Frau«) bis zu nutzenorientierten Verhaltensmaßnahmen. So schlug beispielsweise die *Washington Post* augenzwinkernd vor, künftig auf alle Heiratsurkunden, ähnlich wie auf Zigarettenschachteln, die Überschrift der wissenschaftlichen Originalveröffentlichung zu drucken: »Lehren kann ihre Beziehung gefährden«.

Das Gemeine an der Untersuchung ist, dass es sich nicht um ein reines Laborexperiment handelt. Dann könnte man immer behaupten, dass sich die unter künstlichen Bedingungen gewonnenen Ergebnisse eben nicht auf die Wirklichkeit übertragen lassen. Das gilt zum Beispiel für den Gedächtnisverlust durch Nackte (siehe: *Nackte verhindern Nachdenken*). Mary Still und Satoshi Kanazawa werteten aber tatsächliche Scheidungsquoten aus.

»Mit den alten Studien im Kopf«, berichtet Kanazawa, »dachte ich mir: Was passiert eigentlich, wenn Menschen sich nicht nur kurz im Labor aufhalten, sondern den ganzen Tag jungen Frauen ausgesetzt sind? Ich grübelte herum, wen wir sinnvollerweise untersuchen könnten, bis ich endlich auf Lehrer kam.« Um aber nicht hunderte von Lehrern nach ihren persönlichen Verhältnissen befragen zu müssen, griff er auf den seit 1972 regelmäßig durchgeführten »General Society Survey« (GSS) der Universität Chicago zurück. Unter den 32 845 Datenbögen fanden sich 646, die von männlichen und weiblichen Lehrern stammten. In einem ersten Schritt verglichen die beiden Forscher nun die Scheidungsrate der männlichen und weiblichen Lehrer mit der von US-Amerikanern, die keine Lehrer waren. Dabei zeigte sich, dass die männlichen Lehrer seltener heiraten und häufiger geschieden sind.

Jeder Sozialwissenschaftler weiß, dass nun größte Vorsicht geboten ist. Denn es könnte sein, dass diese scheinbare Übereinstimmung auf einer falschen Grundannahme beruht. Finden Sie es nicht auch verdächtig, dass die Zahlen genau das zeigen, was die Forschenden eh vermuten?

Diese Fallgrube ist als Storchproblem* bekannt: Zwar ist es absolut richtig, dass in Dörfern mit vielen Störchen mehr Kinder geboren werden. Es stimmt deswegen aber noch lange nicht, dass der Storch die Kinder bringt. Hier stehen zwei richtige Beobachtungen nur scheinbar in Beziehung zueinander. Weil wir wissen, dass der Storch keine Kinder bringt, wissen wir, dass es falsch ist, die Anzahl Störche mit der Anzahl Kinder in Verbindung zu bringen.

Andererseits – vielleicht hängen die beiden Beobachtungen doch zusammen? Das tun sie auch, es fehlt nur das entscheidende Bindeglied: Je mehr Störche es gibt, desto mehr Kamine gibt es im Dorf, desto mehr Familien leben dort und desto mehr Kinder werden geboren. Ursache und Wirkung liegen aber nicht immer so offen wie beim Storchproblem.

Deshalb prüften die Sozialwissenschaftler im zweiten Schritt, ob es nicht eine andere Ursache geben könnte, die ihre Beobachtung erklärt. Sie bezogen daher das Alter der Untersuchten, deren Einkommen, Hautfarbe und so weiter ein. Doch nichts zeigte einen Zusammenhang zum Unverheiratetsein der Lehrer. »Für uns bedeutet das, dass Lehrer dauernd ihre Ehefrauen oder Freundinnen mit den Schülerinnen vergleichen«, folgert Kanazawa, »bloß sind sie sich dessen nicht bewusst.«

Zeigt die Untersuchung also wirklich, dass Menschen primitive Geschöpfe sind, die im Zweifel dem Ruf der Wildnis folgen?

Jawohl, das zeigt sie. Betrachtet man die Welt biologistisch, das heißt so, als könne die Biologie alle Erscheinungen des Lebens erklären, dann ist das nicht erstaunlich. Junge Frauen befinden sich in ihrem »reproduktiven Maximum«, das heißt, sie sind meist ungebunden (es ist also bei der Brautwerbung weniger Theater zu erwarten als bei einer gebundenen Frau), und sie hatten noch keine Kinder. Das ist aus biologistischer Sicht wichtig, denn ein Vater möchte seine Energie (etwa die Nahrungssuche) nur für seine genetischen Kinder verwenden. Da es aber zur Zeit der Entstehung des Lebens noch keine Vaterschaftstests gab, war die größte Sicherheit für einen zukünftigen Vater die, eine möglichst jungfräuliche Partnerin zu suchen und diese dann abzuschirmen.

Ein äußerliches Merkmal junger Frauen ist, dass die Hüfte noch nicht stark ausgeprägt ist. Ein möglichst kleines Verhältnis von Hüfte zu Taille, also eine relativ gerade Körperlinie, zeigt schon von weitem an, dass es sich hier wohl um eine junge Frau handelt. Dass dieses Signal auch heute noch wunderbar funktioniert, erkennen sie an den Heerscharen magerer Models. Obwohl kaum ein Mann sie wirklich attraktiv findet, schaut ihnen trotzdem jeder nach – das ist eine fast unbewusst ablaufende, urtümliche Reaktion.

Dasselbe gilt für symmetrische Gesichter. Die meisten Menschen, egal in welcher Gegend der Welt, bevorzugen gleichmäßig aufgebaute Gesichtszüge (siehe: *Hühner bevorzugen schöne Menschen*). Diese zeigen erstens an, dass die Entwicklung der Person in krankheitsfreien Verhältnissen und bei vernünftiger Ernährung stattgefunden hat. Zweitens waren die Eltern genetisch so verschieden, dass keine aus der Inzucht geborenen Nachteile aufgetreten sind. Alle schädlichen Einflüsse können sich darin widerspiegeln, dass der Körper unregelmäßig aufgebaut ist – am schnellsten zu erkennen im meist unbedeckten Gesicht. Symmetrie ist das Hauptmerkmal für »Schönheit«. Auch hier zeigt sich, dass der scheinbar freie Wille Einschränkungen unterliegt.

KEKSE FÜR KENNER

Die technische Lieblingslabormitarbeiterin des Autors, Gabi Förster, informierte mich nach Lektüre des Artikels *Krach im Esszimmer lässt sich durch Nachtisch eindämmen* darüber, dass sie grundsätzlich keinen Kaffee für Wissenschaftler koche. Um ihr einen Ansporn zu geben, hier ein Experiment, das Len Fisher berühmt machte und stets frische Heißgetränke erfordert.

1998 wollte der Physiker der Öffentlichkeit erklären, wozu Formeln da sind. Er arbeitet in England, und so lag es nahe, die dort überall verbreiteten Cookies als Lehrmittel heranzuziehen; Terminus technicus: *science of the familiar* oder »Chemie, Physik und Biologie des Alltags«. Bekannt war bereits, dass das Eintauchen (Stroppen, Dippen) von Backwaren in Tee oder Kaffee den Geschmack der Süßware subjektiv um das bis zu Zehnfache steigert. Doch wie lange soll und darf der Keks im Kaffee bleiben? Die Antwort darauf ist einfach und ergibt sich aus der Washburn-Gleichung für Kapillarflüsse:

$$t = 4L \times h/Dg$$

Es bedarf nur eines Vergrößerungsgerätes, und der Spaß kann losgehen. L ist die Wegstrecke der Flüssigkeit in den hydrophilen Keks. Sie wird mal vier genommen und mit der Viskosität h des Getränks multipliziert. Teilt man das Ganze durch das Produkt aus Keksporengröße D und Oberflächenspannung g der Flüssigkeit in der Tasse, so kommt die maximal mögliche

Eintunkzeit heraus. Wird diese überschritten, zerbricht das Cookie in einen schlaff zu Boden sinkenden sowie einen traurig in der Hand verbleibenden Keksteil.

Die Werte D und L lassen sich hervorragend unter einer guten Lupe bestimmen. Sie können also ohne weiteres auch daheim Tunkversuche durchführen.

Verblüffend ist übrigens, dass die schon 1921 entwickelte Formel eigentlich nur für zylindrische Kanälchen gilt. »Ich habe es einfach drauf ankommen lassen«, erzählt Experimentator Fisher, »und die Ergebnisse zeigen, dass die Gleichung auch bei Keksen stimmt. Warum – das müsste noch untersucht werden.«

Fishers praktische Tipps für Stropp-Profis lauten: (a) Heiße (statt lauwarme) Getränke verwenden und (b) höchstmögliche Tunkzeit errechnen und ausnutzen. Wer zudem einseitig mit Schoki beschichtetes Naschwerk verwendet, erhält dadurch eine zusätzliche Stabilisierung der ab sofort hoffentlich prall und lecker gefüllten Keksporen.

Ig-Gesamtnote: Fisher hat es nicht nur in die Herzen der Engländerinnen, sondern auch in eine der bekanntesten naturwissenschaftlichen Fachzeitschriften geschafft. Verdienter Ig-Nobelpreis für Physik im Jahr 1999.

Len Fisher (1999), »Physics takes the biscuit«. In: *Nature*, Nr. 397, S. 469.

NEUROBIOLOGIE UND PSYCHOPHYSIK VON SPRUDELWASSER

Jawohl, so heißt ein Aufsatz meiner Kollegen aus Kalifornien wirklich.

Ihnen war aufgefallen, dass alle Welt gern Bläschen im Wasserglas hat – bloß warum genau, das wusste niemand. »Mir gefällt dieses stechende Prickeln und dass es ein bisschen säuerlich schmeckt«, wäre eine mögliche Antwort. Darauf einigten sich auch die fünf Forscher, wenngleich sie ihre Ausgangsannahme etwas komplizierter beschrieben: »Das CO_2 wird durch Karbo-Anhydrase in Kohlensäure umgewandelt. Diese Säure regt Schmerzempfänger im Mundraum (linguale Nociceptoren) an. Sie senden über Nervenbahnen Signale an die trigeminalen Kerne im Gehirn.«

Egal, ob man es verwissenschaftlicht ausdrückt oder einfach beim Trinken in sich hineinhorcht, die grundsätzliche Frage lautet: Schmeckt uns Sprudelwasser wegen seines leicht sauren Geschmacks, das heißt wegen der chemisch gelösten Kohlensäure, oder mögen wir es, weil Bläschen gegen unsere Zunge blubbern?

Schon seit Ende der 1960er-Jahre herrschte hierzu die Meinung, dass es nicht an den Bläschen, sondern an der Säure liegen müsse. Japanische Forscher hatten damals mit Kohlensäure gesättigte Flüssigkeiten auf freioperierte Nerven gegeben. Erlaubte man die körpereigene Umwandlung der Kohlendioxid-Blasen in echte Kohlensäure, dann reagierten die Nerven. Verhinderte man die Bildung der Säure, so tat sich trotz Bläschen nichts.

Das amerikanische Forscherteam entschied 1999, anstelle von einsamen Nerven lieber Lebewesen am Stück zu untersuchen. Glücklicherweise fiel ihre Wahl nicht auf Menschen. Die stattdessen ausgewählten Laborratten wurden nämlich betäubt, in ein Metallrähmchen gespannt und dann auf einer 37 Grad Celsius warmen Platte abgelegt. Danach schnitten die Forscher den oberen Teil der Wirbelsäule und des Schädels auf, sodass die darin verlaufenden Nerven zugänglich wurden. Mit einem hydraulischen Minimotor wurde dann eine winzige Nadel in das Stammhirn der Tiere versenkt. Daran wurde ein Messgerät geklemmt, das aufzeichnete, welche Signale der kleine Körper an sein Gehirn sendet.

Nachdem sichergestellt war, dass Streicheln und sanftes Zwicken der Rattenhaut das Messgerät zum Ausschlagen brachte, wurde den Tieren ein Klämmerchen in den Mund gesetzt, eine Maulsperre. Es ging ja darum, wie Sprudel schmeckt, und dazu musste das Wasser irgendwie in den Mund der nun trinkunfähigen Nager gelangen.

Mittels einer Pipette zwangsverkosteten die bewusstlosen Tiere drei Getränke: Sprudelwasser aus einer frisch geöffneten Flasche, 54 Grad warmes Wasser und Salzsäure. Wenn eine Ratte durch sprudelndes Wasser angeregt wurde, erhielt sie eine Spezialbehandlung. Ihr wurde dann ein Mittel verabreicht, das die im Körper normalerweise ausgelöste Umwandlung von Sprudelbläschen in Kohlensäure verhindert.

Und wirklich: Obwohl das verabreichte Sprudelwasser immer noch blubberte, bewirkte es nun keine Erregung der Mundnerven mehr. Die Blasen werden also anscheinend im Mund gar nicht wahrgenommen. Deswegen können sie auch nicht die Freude am Sprudelwasser bedingen. Hm.

Irgendwie kam das den Forschern doch zu aalglatt vor. Sie rekrutierten daher n* = 21 Studierende der Universität Davies.

Die mussten eine Stunde lang nüchtern bleiben und erhielten dann eigens im Labor hergestelltes Sprudelwasser, das zwei Tage lang bei 3,5 bar unter Kohlendioxid gestanden hatte. Allerdings wurde zuvor die Umwandlung von Kohlendioxid auf einer Seite der Zunge wie schon bei den Ratten blockiert. Die Studierenden wussten nicht, welche Seite ihrer Zunge das war, weil sowohl links als auch rechts je eine gleich schmeckende, aber chemisch unterschiedliche Lösung aufgetragen wurde. Nur eine Lösung enthielt den Kohlendioxidblocker.

Nun brauchten die VP* nur noch angeben, ob sie beim Sprudeltrinken ein Prickeln bemerkten oder nicht. Wie es schon die Rattennerven vermuten ließen, spürten auch die Studierenden immer nur auf dem Teil der Zunge das angenehme Sprudeln, der die Bläschen in Kohlensäure umwandeln konnte.

Damit war bewiesen, dass das uns bekannte Prickeln eine chemische Täuschung ist. Denn unsere Schleimhäute nehmen nicht die eigentlichen Bläschen wahr. Stattdessen melden sich bloß die vielen kleinen Stellen der Schleimhaut, an denen das im Sprudel enthaltene gelöste Kohlendioxid zu Kohlensäure umgebaut wird.

Sprudelwassertrinker meinen daher zu Unrecht, dass die wackelnden Sprudelbläschen an sich die schwallartige Frische und das Prickeln beim Trinken erklären. Der Eindruck tritt übrigens auch dann im Mund auf, wenn man die Trinkenden samt Sprudelwasser in eine Überdruckkammer stellt. Obwohl sich im Überdruck gar keine Bläschen bilden, berichten die Versuchstrinker dennoch, dass es herrlich prickelt.

> **Ig-Gesamtnote**: Ein Mammut-Paper, dessen Inhalt für drei Veröffentlichungen gereicht hätte. Den dritten Teil habe ich Ihnen allerdings erspart. Es geht darin um die Unter-

suchung der in dünne Scheiben geschnittenen Rattengehirne nach Sprudeleinwirkung. Für die unendliche Mühe ist irgendein Preis fällig, aber den knuffigen Nagern zuliebe überlassen wir das ausnahmsweise anderen.

Christopher Simons et al. (1999), »Neurobiological and Psychophysical Mechanisms Underlying the Oral Sensations Produced by Carbonated Water«. In: *The Journal of Neuroscience*, Nr. 19, S. 8134–8144.

GRIZZLYBÄREN FÜRCHTEN COLA

Bei meiner ersten Ig-Nobelpreisverleihung saß neben johlenden Forschenden, echten Nobelpreisträgern wie Dudley Herschbach (Chemie-Nobelpreis 1986) und als Hühner verkleideten Harvard-Studierenden ein Typ mit Wildleder-Fransenjacke. Er sah sich die Veranstaltung mit Freude an und ersteigerte eine Zigarettenkippen-Sammlung eines weiteren echten Nobelpreisträgers. Dabei zeigte der Mann, dass er für unsere unbedarfte Art von Humor keinen Sinn hatte. Denn während die Akademiker es gerade lustig fanden, den Auktionspreis durch Cent-Gebote in die Höhe zu treiben (»Drei Dollar vierzig!« – »Drei Dollar einundvierzig!«), zückte der Ledermann kurzerhand einen Hundertdollarschein, hielt ihn in die Luft und bekam vom völlig überfahrenen Auktionator auch prompt den Zuschlag.

Diese wirklich coole Person war Troy Hurtubise, der noch nie im Leben ein Paper* verfasst hat, vermutlich weil er unserer Zeit voraus ist. Vor ein paar Jahren hatte er beispielsweise seinen kleinen Sohn gebeten, doch einmal den Arm in die silberne Röhre zu stecken, die Papa gerade in der Garage zusammengezimmert hatte. Als das Kind nur fröhlich lachte, obwohl Vater Hurtubise einen Flammenwerfer auf den nun geschützten Arm des Kindes richtete, war die Welt ein bisschen besser geworden. Denn erstens hatte damit ein neues System von Hitze ableitenden Metallschichten die Feuerprobe bestanden. Und zweitens war endlich das i-Tüpfelchen auf Hurtubise'

Lebenswerk gesetzt: Feuerfestigkeit für seinen Grizzlybären-Schutzanzug.

»Ich will einfach hingehen können, wo es mir passt und dort in Ruhe meine Tierbeobachtungen durchführen«, erklärte der Bärenliebhaber seine Leidenschaft. Warum man dafür aber fast seine gesamte Freizeit und mindestens 200 000 Dollar an Materialkosten opfern muss, leuchtet nicht jedem ein. Vielleicht hätte Hurtubise aus PR-Gründen besser sein schickes Rüstungsmodell Ursus Mark VI anstelle des sperrigen Vorläufers Ursus V auf die fein getäfelte Bühne des Sanders-Saales der Harvard-Universität schleppen sollen.

Als der Erfinder dann auch noch anbot, seine Entwicklung jederzeit zu verschenken, wenn ein Forscher sie benötigte, war zwar der Damm gebrochen. Die Begründung, dass er ohnehin nur so viel Geld erwirtschaften wolle, dass er damit zurück in die Wildnis Kanadas gehen könne, war aber für die kapitalistischen US-Amerikaner harter Stoff. Hinzu kommt, dass man in den USA sowohl Kanada (»Ist das überhaupt ein richtiges Land?«) als auch den Kanadiern (»verdreht und hinterwäldlerisch«) oft mit einer gewissen Überheblichkeit gegenübersteht.

Doch Hohn und Spott können den Kanadier Hurtubise längst nicht mehr anfechten – seine Passion macht ihn dafür blind. Anfangs bestand der Anzug hauptsächlich aus Schutzstücken für Eishockeyspieler. Gegen einen rasenden, 600 Kilogramm schweren Bären würde das aber nichts helfen. Hurtubise wusste das, denn im Alter von 19 Jahren hätte ihn seine Bärenliebe fast den Kopf gekostet. Nur eine ordentliche Ladung Flüche hatte das Tier damals vertrieben.

Um in Zukunft winterschlafende Pelzungetüme ungestört beobachten zu können, entwickelte Hurtubise im Laufe der folgenden Jahre hochdruckgefüllte Luftpolster, bis dahin unbekannte Werkstoff-Zusammensetzungen und zuletzt auch Gelenke, die den Anzug beweglicher machten. Hauptmanko des Ursus V war nämlich, dass man nicht wieder aufstehen konnte, wenn man einmal zu Boden ging.

Immerhin schützte schon Modell V den damit bekleideten Tüftler erfolgreich vor dem Aufprall eines mit 60 km/h heranrasenden Jeeps. Auch ein Trupp Freiwilliger, der mit Baseball-Schlägern auf den gut verpackten Versuchsleiter einprügelte, hinterließ bloß ein paar Kratzer auf der Hightech-Hülle. »Die einzige Schwachstelle«, räumt Hurtubise ein, »ist die gläserne Sichtscheibe meines Titan-Helms.«

Dank des Anzugs kann sich jedermann zum Robocop umwandeln. Das in einem sogar von Regisseur Quentin Tarantino hoch geschätzten Dokumentarfilm des National Film Board zu sehende Uraltmodell, das wenig sexy aussieht, ist mittlerweile aber völlig überholt. Der allerneueste Ursus VII bietet sogar Landminen Paroli. Neben einem Feuerlöscher sind auch ein sprachgesteuerter Bordcomputer und zwei Fallschirme eingebaut.

»Ich bin 200 Jahre zu spät geboren«, meint Hurtubise, »ich mag die alten Zeiten, wo ein Mann allein in den Bergen lebte.« Heute ist der Tüftler 41 Jahre alt, hat je einen Adler auf die Arme tätowiert und schwarze Gürtel in zwei Kampfsportdisziplinen. Außerdem trägt er immer noch Cowboyklamotten und eine Anzahl Messer. »Jetzt kratze ich Geld für den nächsten Ursus zusammen«, berichtet er. »Das wird der Höhepunkt der Produktlinie. Der neue Anzug hat 90 Prozent Biegsamkeit – ich kann damit Kaffee trinken gehen. Er wird, wie schon Ursus VI, nicht nur ein Außen-, sondern auch ein Innenskelett haben. Und ich baue die Schlagkraft des Boxers Mike Tyson ein: 240 Kilogramm pro Quadratzentimeter. Ich muss wohl mal bei der NASA anrufen, um das ganze Material zusammenzukriegen.

home | pay | register | sign in | services | site map | help

Browse | Search | Sell | My eBay | Community

← Back to home page   Listed in category: Entertainment Memorabilia > Movie Memorabilia > Wardrobe > Originals

Ursus Mark-VI and VII bear suit set
Seen worldwide on television and in print.

Item number: 3814121772

Bidder or seller of this item? Sign in for your status   Add to watch list in My eBay

↓ Go to larger picture

Current bid:	**US $5,100.00** (Reserve not met) Approximately C $7,058.66 [Place Bid >]
Time left:	**4 days 12 hours** 10-day listing Ends 15-May-04 10:23:19 EDT Add to Calendar
Start time:	05-May-04 10:23:19 EDT
History:	9 bids (US $5,000.00 starting bid)
High bidder:	global-wholesale-direct*com (954 ☆) me
Item location:	North Bay, Ontario Canada
Ships to:	Worldwide Shipping and payment details

Seller information

bearsuits2 (0)
Feedback Score: 0 feedback reviews
Member since 18-Mar-04 in Canada

Read feedback comments
Ask seller a question
View seller's other items

🛡 Purchase Protection

Description
Seller assumes all responsibility for listing this item.

Canadian inventor Troy Hurtubise spent 10 years perfecting the Ursus Mark-VI suit of armour, which is made of chain mail, galvanized steel, titanium, high-tech plastic, and liquid rubber.

The suit was featured in the National Film Board of Canada documentary Project Grizzly, which turned Hurtubise into a cult hero. It was also featured on Ripley's Believe It or Not TV and in the Guinness Book of World Records, for the most expensive animal research suit.

Ursus Mark-VII eliminates the chain mail and is made from stainless steel, aluminum and cast titanium.

It also features a built-in video screen, a cooling system, pressure-bearing titanium struts, protective airbags, shock absorbers, a robotic third arm, built-in regular arms and swivel shoulders.

The suits are unique because they were built totally out of Hurtubise's mind, with no blueprints, drawings or schematics. Buyer of the suits will also receive video copies of all Troy's tests related to the suits.

Click on a picture to enlarge

Supersize Picture   Supersize Picture   Supersize Picture   Supersize Picture   Supersize Picture

62005
Free Counters powered by Andale!

Shipping and payment details
Shipping and handling: Free Shipping (within Canada)
Will ship worldwide

Vier Tage vor Auktionsende schon über 62 000 Zugriffe: Es muss ein Grizzly-bären-Schutzanzug zum Verkauf stehen. Oder auch zwei.

Man kann mit dem Anzug sogar Aufstände kontrollieren. Während der Anzug arbeitet, kann man innen drin gemütlich ein Butterbrot essen. Das Einzige, was den letzten Ursus Mark aufhalten kann, ist ein Elefant mit Fangzähnen. In zehn Jahren werden die Anzüge millionenfach zu sehen sein.«

Der größte Augenblick für Hurtubise war aber weder der mehr als verdiente Ig-Nobelpreis für Sicherheitsingenieurswesen (1998) noch ein Eintrag ins *Guinness Book of Records* (»teuerster Forschungsanzug aller Zeiten«, 2002), sondern der 9. Dezember 2003. Da testete er irgendwo in Kanada das erste Mal nach 17 Jahren wieder die Begegnung mit seinen pelzigen Freunden – aus Kostengründen allerdings mit dem alten Modell. »Eins weiß ich schon jetzt«, verriet der stählerne Hurtubise vorab, »weh tun wird es nicht.«

Was es zu bedeuten hat, dass Hurtubise nach diesem Versuch seinen Ursus VI und VII bei eBay verkaufte, bleibt dahingestellt. Immerhin hatten schon vier Tage vor Auktionsende über 62 000 Interessenten seine Auktionsseite angeklickt.

Falls Sie sich keinen Ursus Mark VII anschaffen, aber dennoch Kodiaks oder ähnlich wilde Bären aus der Nähe beobachten möchten, wenden Sie im Ernstfall Hurtubise' Notfalltrick an. »Wenn ein Bär auf Sie zukommt«, rät der Erfinder, »nehmen sie einfach eine Cola-Dose und schütteln sie ordentlich. Öffnen sie langsam den Verschluss – das Zischgeräusch wird den Angreifer vertreiben. Das ist eigentlich sogar besser als der Anzug: kostet nur 60 Cent, und den Rest können sie trinken.«

Ig-Gesamtnote: Der Anzug hilft nicht nur gegen Schläger, Landminen, Flammen, irregeleitete Geländewagen und Bären, sondern schützt auch vor Waffen schwingenden Verwandten: Hurtubise' Bruder musste bei der frühen Entwicklung des Anzugs helfen und seinen Bruder Troy mit einer Spitzhacke verfolgen. Den Ig-Nobelpreis für Sicherheitsingenieurswesen werden wir wohl nie mehr vergeben. Troy Hurtubise hat ihn sich 1998 derart redlich erarbeitet, dass niemand je dagegen ankommen wird.

SCHÄDLICHES GEKRITZEL IM LEHRBUCH

Bücher aus der Lehrbuchsammlung der Universität sind »nicht verlängerbar«, kosten bei verspäteter Rückgabe Strafgebühr und sind oft wackelig gebunden und abgeschabt. Das größte Problem an den später schnell vergessenen Werken ist aber, dass die Vorbenutzer darin gern Markierungen anbringen.

Das wäre nicht weiter schlimm, wenn alle Menschen so aufgeweckt wären wie der jeweils aktuelle Leser – sind sie aber nicht. Die Studierenden markieren teils wahllos, teils unerklärlich im Text herum, und zuletzt findet sich ein rechtes Getümmel von Farben und Graffiti unter beziehungsweise neben den gedruckten Zeilen. Und das ist richtig gefährlich.

Denn Vicky Silvers und David Kreiner konnten 1997 experimentell nachweisen, dass falsch gesetzte Textmarkierungen in die Irre und zu schlechten Noten führen. 114 Versuchsstudierende wurden in einem von Lärm abgeschirmten Raum gestopft und mussten vorab unter harmlosen Bedingungen zeigen, dass sie eine unrichtig gesetzte Texthervorhebung von einer richtigen unterscheiden konnten. Das gelang mit einer Trefferquote von 100 Prozent.

Dann wurden die VP in drei Gruppen geteilt: Der erste Trupp erhielt korrekt markierten Lesestoff, der zweite falsch markierten und der dritte puren, jungfräulichen Text. Nach 20-minütigem Lesen von sieben Textblöcken mussten die Probanden jeweils einen Multiple-Choice-Test pro Block ausfüllen, der das Leseverständnis prüfte.

Waren die Hervorhebungen an sinnlosen Stellen angebracht, schnitten die Leser mit 24,289 ± 5,125 Verständnispunkten deutlich schlechter ab als die Leser jungfräulichen Textes (33,237 ± 3,357). Nicht einmal eine vorherige Warnung half. Auch die in einem weiteren Experiment ausdrücklich vorgewarnten Kandidaten erzielten nur 25,469 Punkte, diesmal mit einer saftigen Standardabweichung von 6,476.

Nun der erstaunliche Nebenbefund: Auch die Vorabhervorhebung der richtigen Textstellen brachte keine signifikante Verbesserung des Verstandenen (33,632 ± 3,097). Merke: Unterstreichen ist nutzlos, sogar an den richtigen Stellen.

Einschränkend wurde diskutiert, dass die Auswahl der Versuchspersonen nicht repräsentativ sei, da diese erstens für die Teilnahme einen Schein erhalten und die Versuche zweitens im Sommer stattgefunden hätten (sic!). Dringende Empfehlung der Wissenschaftler: »Schüler über die möglichen Gefahren bestehender Textmarkierungen aufklären, und Bücher mit Markierungen nicht mehr einsetzen.«

Ig-Gesamtnote: Verdächtig viele Nachkomma-Stellen, sommerliche Versuchspersonen, totenstille Zimmer, väterliche Vorschläge – irgendetwas an der Studie stimmt nicht. Seither liegt sie beim Ig-Nobel-Prüfungsunterausschuss, der aber offenbar meine Hervorhebungen nicht verstanden und daher sich bis heute nicht gerührt hat.

Vicky Silvers et al. (1997), »The effects of pre-existing inappropriate highlighting on reading comprehension«. In: *Reading Research and Instruction*, Nr. 36, S. 217–223.

PANIKANFÄLLE UND KÄSE

Diese medizinische Veröffentlichung gehört zu den im Angloamerikanischen eigentlich ungeliebten (weil »unstatistischen«) Einzelfallberichten. Die Geschichte der folgenden Patientin hat es 1999 aber trotzdem in die angesehene Zeitschrift *Lancet* geschafft – wohl weil sie wirklich verrückt ist.

Anfang der Neunzigerjahre war die damals 38 Jahre alte Frau wegen Muskelschmerzen zum Arzt gegangen. Der wusste aber nicht recht, was mit ihr los war. Vier Jahre später erschien die Patientin wieder und berichtete von kribbelnden Händen. Wieder fand sich nichts Verdächtiges.

Im Jahr darauf schwollen die Hände der Frau an; außerdem litt sie an Atemnot und Panikattacken. Nun wurde sie endlich genauer untersucht. Entzündungen lagen im Körper der Patientin nicht vor; auch Röntgenbilder zeigten nur Gesundes. Klarer Fall: Spinnerin.

Nicht ganz. Fast zehn Jahre nach dem ersten Arztbesuch berichtete die Patientin von Schmerzen in Hals(-muskeln) und Kopf, sie musste sich erbrechen und sah öfters doppelt. Das Ameisenkribbeln auf beziehungsweise unter der Haut erstreckte sich nun auch auf Arme und Beine. Außerdem konnte sie kaum noch sprechen. Das sah verdächtig nach einem Schlaganfall aus. Aderverstopfungen hatte sie jedoch keine – das war also nicht der Grund für das Chaos im Körper.

Also bekam die Frau reichlich entzündungshemmende Corticosteroide, und ihr steifer Hals wurde mit Krankengymnastik behandelt. Das half aber nur kurz, und so landete die Patientin im Mai 1998 auf der Intensivstation einer rheumatologischen Universitätsklinik. Dort endlich fanden sich die Übeltäter: Der Bazillus Brucella spec. hatte der Frau zehn Jahre ihres Lebens vermiest. Die unguten Einzeller sterben allerdings durch Antibiotika-Gabe. Die bekam sie, und so konnte die Frau nach drei Wochen als geheilt entlassen werden.

Die Ironie liegt darin, dass die Patientin zu gesund gelebt hatte. Weil sie nie eine ernsthafte Infektion hatte, verschrieb ihr auch kein Arzt Antibiotika, welche die scheinbar verrückten Beschwerden wie durch ein Wunder behoben hätten. Anders gesagt: Ein grippaler Infekt wäre vielleicht ein indirektes Heilmittel gegen Doppelsehen, Sprachausfall und Ameisenkribbeln gewesen. In diesen Fällen hätten Antibiotika auch den Brucellen den Garaus gemacht.

Ach so, woher die Keime kamen? Aus unpasteurisiertem Käse, den die Frau Jahr für Jahr im Sommer in Süditalien verspeist hat. Wie unnötig: Sie kam aus der Schweiz und hätte sich daheim leicht mit bakteriell unbelasteter Ware verproviantieren können. Sakra!

Ig-Gesamtnote: Nachdem ich von diesem Fall im *Laborjournal* berichtet hatte, teilte ein Leser mit, dass -cilline nicht gegen Borellien helfen. Ich lasse diese Frage offen und verweise auf das schöne Storytelling der Autoren Vogt und Hasler aus Bern.

Thomas Vogt et al. (1999), »A woman with panic attacks and double vision who liked cheese«. In: *Lancet*, Nr. 354, S. 300.

MOZARTS FLÜCHE

Ein beliebtes Thema auf medizinischen Kongressen ist wahlweise die augenzwinkernde Selbstbespiegelung oder die Suche nach Krankheitssymptomen berühmter Menschen. Das ist kein Wunder. Denn wer Experte für eine bestimmte Krankheit ist, hat ein geschärftes Auge dafür, welche lebenden oder toten Mitmenschen an dieser Krankheit leiden oder litten. Manchmal weiß oder wusste der potenzielle Patient noch nicht einmal selbst etwas von seinen Auffälligkeiten.

So bei Wolfgang Amadeus Mozart (1756–1791). Der Mediziner Benjamin Simkin aus Los Angeles ging der 1983 erstmals vorgebrachten Idee nach, dass Mozarts manchmal ausfallende Formulierungskunst nicht bloß eine Laune, sondern eine Ausprägung des Tourette-Syndroms war. Menschen mit Tourette leben nicht nur mit körperlichen Ticks, sondern oft auch mit dem nur kurzzeitig unterdrückbaren Zwang, gesellschaftlich Verpöntes laut zu sagen.

Tatsächlich fand sich in 39 von 371 untersuchten Briefen des Musikers scheinbar schweinisches Wortgut, während die Antworten der Eltern und der Schwester ohne dergleichen auskamen. Es war also wenig wahrscheinlich, dass das Fluchen eine Familienangewohnheit war, was öfters behauptet wurde. (Es wird aber für immer unbekannt bleiben, ob das nur für Briefe oder auch für Familientreffen galt.) Immerhin fanden sich in insgesamt 745 Familienbriefen von Wolfgang Amadeus, Anna Maria (Mozarts Mutter), Nannerl (der Schwester) und

Leopold (dem Vater) nur beim Sohnemann in jedem zehnten Umschlag derbe Saftigkeiten, während der Rest der Familie nur jeweils ein Mal auffiel.

Simkin fühlte sich dadurch ermutigt, ins Detail zu gehen, und schrieb sich nun penibel alle Sauereien heraus. Platz eins der Mozart'schen Sudelrangliste belegen die Begriffe »Scheiße« (29-mal), »Arsch« (24-mal), »Mist« (17-mal) und »Furz« (6-mal). Das veranlasste die ärztlichen Autoren, bei Mozart eine Koprolalie – das zwanghafte Aussprechen auf Kot bezogener Worte – zu diagnostizieren.

Zählt man auch noch Wortspiele hinzu, die offenbar nur soeben gehörten Lauten nachgeformt sind (Echolalie) sowie Lautwiederholungen von gerade Geschriebenem (Palilalie), dann finden sich in 6,2 Prozent aller Briefe Mozarts Auffälligkeiten, die auch als Zeichen von Tourette auftreten können.

Da diese Symptome unter Stress verstärkt auftreten, erscheinen auch die Schimpfhäufungen im Jahr 1770 (Mozart war 14 und auf erfolgreicher, aber anstrengender Italientour), von 1777 bis 1781 (Entlassung aus der Salzburger Hofkapelle, trotz intensiven Bemühungen keine Aufträge, Streit und dann Bruch mit dem Erzbischof von Salzburg in Wien) und 1791 (Auftrag zur Totenmesse) erklärbar. Damit übereinstimmend ist schon in frühen Mozart-Biografien die Rede von einem unruhigen Mozart, der stets in Bewegung war, Grimassen schnitt, unentwegt mit den Füßen und auch sonst herumhibbelte und plötzlich über die Tische sprang und dabei katzengleich miaute.

Das Miauen soll eine Zeit lang derart überhand genommen haben, dass es sogar in der Geschwindigkeitsangabe »Rondo Miau« für das Finale des *Flötenquartetts* K298 (1786) auftauchte. 1790 komponierte Mozart das Stückchen K625 »Nun, liebes Weibchen, zeihst mit mir«, in dem die Sopranstimme dem Bass antwortet: »Miau, miau, miau, miau«.

In den Briefen an sein Bäsle (1777–1780) und bei der Benennung des musikalischen Zirkels des Barons von Jacquin erfand er darüber hinaus einen nicht enden wollenden Strom von Quatschwörtern, darunter Natschibinitschschibi, Runzi-Funzi, Plumpa-Strumpi, Blatterizzi, Diniminimi, Gaulimauli, Punkititi und Schlamba Pumfa.

Sein ebenfalls dokumentiertes festes Aufstampfen und der Ruf »Saperlott!« bei einer vermasselten Orchesterleistung würde ich allerdings, anders als der medizinische Fachmann, nur ungern als krankhaft bezeichnen. Wer schon einmal billige Klassikeinspielungen gehört hat, weiß, was ich meine. Miau!

Ig-Gesamtnote: Gut, dass niemand meine E-Mails aufbewahrt. Ansonsten: Für Mozart-Fans keine brandneuen Fakten, aber erstmals eine penible Herleitung. Daher Sonderpunkte für die Vorstellung, dass der endokrinologische Kollege aus Kalifornien sich durch verstaubte Briefpacken aus Europa wurschtelt und dabei die skatologischen Stellen statistisch erfasst.

Benjamin Simkin (1992), »Mozart's scatological disorder«. In: *British Medical Journal*, Nr. 305, S. 1515 f.

LANGLEBIGKEIT IN DER EHE

Ein Freund von mir empfindet die Ehe im Allgemeinen als Joch, hält es aber trotzdem keine zehn Minuten ohne seine Gattin aus. Das ist auch gut so, denn sein Leben kann sich dadurch um sechs Jahre verlängern. Allerdings nur, wenn seine Ehefrau mitspielt.

Das ergab eine raffinierte Untersuchung dreier Forscher der noblen Universitäten Yale und Columbia (New York). Angeregt zu dieser Untersuchung wurden sie, weil zwar schon länger berichtet wurde, dass Verheiratete gesünder und glücklicher sind und eben auch länger leben. Dabei gibt es aber zwei Probleme, die recht schwierig zu lösen sind: Erstens könnte es ja sein, dass fröhliche und gesunde Menschen öfter heiraten als Miesepeter und Kranke. Die unglücklicheren Kandidaten bleiben also auf der Strecke, während die ohnehin glücklicheren sich gegenseitig heiraten. Wenn das so wäre, dann führte der Frohsinn zur Eheschließung und nicht die Ehe zu Frohsinn. Das ist ein echtes Storchproblem*, denn wie soll man herausfinden, was Ursache und was Wirkung ist?

Als ob diese Frage nicht schon kniffelig genug wäre, kommt erschwerend hinzu, dass es viele Ausprägungen von Ehen gibt: gleichgültige, friedliche, liebevolle, wallende, polygame, verrückte, langweilige, matriarchalische, religiöse und so weiter. Natürlich hat auch der so bedingte mehr oder weniger stressige Lebensstil einen Einfluss auf Gesundheit und Wohlbefinden.

Und genau das interessierte die Forscher: Wie würde sich der Stil der Ehen – nicht die Eheschließung an sich – auf die Langlebigkeit der Partner auswirken?

Zum Glück gab es in New Haven, wo die Universität Yale liegt, 2811 als geistig im Lot befundene Freiwillige. Sie wurden schon vor Jahren rekrutiert, um bei einer Studie über die Auswirkungen des Alterns mitzumachen. Alle Teilnehmer sind älter als 65 und leben teils zu Hause, teils in Altenheimen. Nur zwölf der 317 herausgefilterten Ehepaare weigerten sich, auch diesmal wieder mitzumachen. Die hohe Bereitschaft kommt vielleicht daher, dass 85 Prozent der alten Herrschaften noch mit ihrem ersten Ehepartner zusammenlebten und zumindest in dieser Sache nichts zu verbergen hatten.

Was die ausgewählten Eheleute allerdings nicht ahnten, war die Ausführlichkeit des ihnen bevorstehenden Interviews – es gründete auf einem 75-seitigen Fragebogen. Da das Interview allerdings von einem netten jungen Mann oder einer netten jungen Frau im Wohnzimmer der Befragten geführt wurde, gelang auch dieser Forschungsschritt.

Es gab nur eine Überraschung. Die Eheleute sollten unbedingt getrennt befragt werden, weil manche Fragen sehr persönlich waren. Dennoch schlichen sich besonders die Gattinnen unter irgendeinem Vorwand wieder in den Raum (63,9 Prozent), sobald der Ehemann befragt wurde. Die Forschenden entschieden, hier ausnahmsweise ein Auge zuzudrücken. Gegen durchschnittlich 43,4 Ehejahre konnten die grünschnäbligen Tester sich trotz strenger Anweisungen einfach nicht durchsetzen.

Danach gab es eine geplante Forschungspause von sechs Jahren. Man wollte nun erfahren, welche Personen mit welchen Eigenschaften noch lebten und welche verstorben waren. Ein Blick in die Listen ergab: Ein Drittel der Männer, die von ihren Frauen als hilfreich, aufmerksam oder als »bester Freund« beschrieben wurden, war tot. Für Männer, deren Ehefrauen nichts derartig Nettes über ihren Gatten berichtet hatten, sah es schlechter aus. In diesen Fällen war eine höhere Anzahl, nämlich fast die Hälfte der Männer, verstorben.

Ehemänner, die von ihrer Frau gemocht werden, sollten also eine rechnerisch ordentliche Chance haben, sechs Jahre älter zu werden als von ihren Frauen weniger geliebte Gatten ($p^* < 0,01$).

Das wäre ein schönes Versuchsergebnis aus dem Land der Glücksbärchis gewesen. Doch leider ist eine Kuschelehe für Männer nicht so gut, wie es durch die Augen ihrer Gattinnen zu sein scheint.

Dreht man den Test nämlich herum, so zeigt sich, dass Männer, die ihre Frauen als besonders hilfreich empfanden, früher starben. Ruppige Typen hingegen, die ihre Frau im Zusammenhang von Vertrauen und Hilfe überhaupt nicht erwähnt hatten, lebten länger als die Softies.

Das heißt:

- Männer, die von ihren Frauen ein gutes Zeugnis bekommen, leben länger.
- Männer, die ihre Frauen im Gegenzug nicht als hilfreich und unterstützend beschreiben, leben ebenfalls länger.

»Dass die Ehe eine Schutzwirkung hat, ist schon lange bekannt«, erklärt Versuchsleiterin Roni Tower, »bloß darf der Ehestil nicht politisch korrekt sein. Sensible Männer und Esos leben kürzer als die scheinbar knorrigen Gatten. Das heißt aber nicht, dass die Brummbären gefühlskalt sind. Unsere Tests zeigen, dass sie zuverlässig sind und ihren Frauen gut zuhören. Das Ganze ist eine romantisierte Form der Ehe: Sie lehnt sich an, und er will hören, dass er gebraucht wird.«

»Ich habe aus der Untersuchung gelernt«, so meine Kollegin weiter, »dass wir die grundlegenden Unterschiede zwischen den Geschlechtern einfach hinnehmen müssen. Männer sollen nicht versuchen, sich wie Frauen zu benehmen. Das wäre ein schrecklicher Fehler – der sie außerdem noch Lebenszeit kosten kann.«

> **Ig-Gesamtnote**: Die Wissenschaft hat festgestellt ..., dass die Ehe nun mal so ist, wie sie ist. Trotz liebevoller Auswertung der vielen Daten und spannender Ergebnisse wie bei der Lehrerstudie *(Lehrende laufen Gefahr, sich in Studentinnen zu verlieben)* und den saufenden Besserverdienern *(Wer trinkt, verdient mehr)* nach Veto der US-Jury-Mitglieder kein Ig-Nobelpreis: wegen mangelnder Political Correctness.
>
> Roni Beth Tower / Stanislav Kasl / Amy Darefsky (2002), »Types of Marital Closeness and Mortality Risk in Older Couples«. In: *Psychosomatic Medicine*, Nr. 64, S. 644–659.

EHE UND SHOPPING

Wirtschaftswissenschaftler und -psychologen haben keine Probleme mit der Feststellung, dass Männer und Frauen sich grundsätzlich unterscheiden. Wer diese Unterschiede richtig beschreibt und versteht, kann damit das Kaufverhalten der Menschen beeinflussen.

Ein typischer Fall ist der Kauf von Rasierklingen und -apparaten: Obwohl es sich um vollkommen gleiche Klingen handelt und für die Handhabung nichts überflüssiger ist als die Form des Apparats, greifen Frauen eher zu Produkten mit breiterer, geschwungenerer Form und sanfter Färbung. Männer bevorzugen bei teuren Klingen schwarz, silber oder ausnahmsweise ein kräftiges Rot. Die unterschiedlichen Produktlinien müssen also an derartige geschlechtsbedingte Unterschiede angepasst und dementsprechend beworben werden. Woher die unterschiedlichen Bedürfnisse von Männern und Frauen stammen (erlernt oder vererbt), spielt zumindest fürs Verkaufen keine Rolle.

Praktisch ist es, wenn man die möglichen Kunden nicht nur direkt beeinflussen kann, sondern auch über Dritte. Deshalb erscheint Werbung in Heftchen für Kinder: Obwohl sie sich das betreffende Produkt nicht selbst kaufen können, hofft man, dass die Kids ihre Eltern zum Kauf bewegen. Leider hat ein Kind, besonders bei hochwertigen Anschaffungen, nicht dieselbe Macht wie beispielsweise der Ehepartner – falls er sich überhaupt dafür interessiert.

Wenn es gelingt, die Kaufentscheidungen und die sich immer wieder ändernden Rollenverteilungen zwischen Männern und Frauen innerhalb und außerhalb von Partnerschaften zu verstehen, kann man gezielter auf die Kunden einwirken und sich an ihre Wünsche anpassen. Hier die Ergebnisse einiger Studien, die sich damit auseinander gesetzt haben:

- Nur 56 Prozent der US-Ehemänner fühlen sich für die Auswahl ihrer eigenen Bekleidung zuständig. Die anderen verlassen sich blind auf das textile Urteil ihrer Ehefrauen.

    Problematisch für die Werbung ist, dass die kleidungsbewussten Männer *nicht* gern einkaufen gehen. Das ist im Grunde kein Wunder, denn es sind ja eben die harten Typen, die sich nicht von ihrer Gattin einkleiden lassen, wie es einst schon Mutti tat. Werbetechnisch beeinflussbar sind daher vor allem Männer, die ein Mittelding zwischen Couchkartoffel und Kerl darstellen. Denn wer zusammen mit seiner Frau gleichberechtigt entscheidet, was er anziehen soll, geht auch gern shoppen.
- Wenn Frauen zu Weihnachten Kleidung verschenken wollen, schauen sie sich in Ruhe im gesamten Laden um und informieren sich gründlich über Qualität und Preise. Männer versuchen hingegen, gezielt die notwendigen Informationen zu erhalten und halten sich dabei in einem kleineren Bereich des Geschäftes auf.

Ehe und Shopping

- Frauen beginnen früher als Männer mit den Weihnachtseinkäufen beziehungsweise mit dem Stöbern nach möglichen Geschenken. Sie besuchen dabei nicht nur mehr Geschäfte, sondern unternehmen auch mehr Einkaufstouren. Am Ende haben sie mehr Geschenke gekauft als ihre Gatten.
- Schlappe 15 Prozent der verheirateten US-Männer sind nach eigener Angabe für den Einkauf im Supermarkt verantwortlich. Es sind zugleich diejenigen Gatten, denen das Einkaufen auch Spaß macht. Hier kann es sich lohnen, sowohl Frauen als auch Männer in der Werbung anzusprechen.
- Männer, die zum Einkaufen im Supermarkt sind, halten sich dort wesentlich kürzer auf als Frauen. Pro Minute geben sie weniger Geld aus.
- Die westliche Menschheit ist in zwei Gruppen gespalten, zwischen denen es aber weder Alters- noch Geschlechtsunterschiede gibt:

    Die eine Gruppe kauft gern ein und freut sich aufs Kochen und Zubereiten der leckeren Lebensmittel. Die andere schert sich darum wenig. Zeitdruck kann jenen Menschen, die gern einkaufen und kochen, nichts anhaben.

    Die notwendige Zeit nehmen sie sich einfach, weil ihnen beides so viel Freude bereitet.

Ruby Dholakia / Birgit Pedersen / Neset Hikmet (1995), »Married males and shopping. Are they sleeping partners?« In: *International Journal of Retail & Distribution Management*, Nr. 23, S. 27–33.

Gerard Prendergast / Shuk Wai Ng / Leel Lee Leung (2001), »Consumer perceptions of shopping bags«. In: *Marketing Intelligence & Planning*, Nr. 19, S. 475–482.

Michel Laroche / Gad Saad / Mark Cleveland / Elisabeth Browne (2000), »Gender differences in information search strategies for a Christmas gift«. In: *Journal of Consumer Marketing*, Nr. 17, S. 500–522.

Gary Davies / Jonathan Bell (1991), »The grocery shopper – is he different?« In: *International Journal of Retail & Distribution Management*, Nr. 19, S. 25–28.

Gary Davies (1997), »Time, food shopping and food preparation. Some attitutinal linkages«. In: *British Food Journal*, Nr. 99, S. 80–88.

JOBZUFRIEDENHEIT IST GENETISCH

Sie alle kennen das: Währen der eine Kollege seinen Job super findet, verschlurt der andere durch pausenloses Rauchen und Teetrinken den ganzen Tag und drückt sich auch sonst, wo es nur geht. Wie kommt das? Die Antwort lautet: Es liegt in den Genen.

Das meinen zumindest drei Wirtschaftspsychologen aus den USA. Im Jahr 1999 versuchten sie den (schon zuvor bekannten) Zusammenhang zwischen Selbstwahrnehmung und Berufswahl zu untermauern. Dazu suchten die Forscher $n = 107$* Menschen heraus, die schon als Kinder und auch danach immer wieder einen experimentellen Persönlichkeitstest an sich durchführen ließen (ein Langzeitprojekt der Uni Berkeley). Die geliehenen Versuchspersonen mussten nun berichten, ob ihnen ihr jetziger Job gefiel oder nicht.

Denn bereits in den 1980er-Jahren war klar geworden, dass Menschen, die sich viel zutrauen, letztlich auch die besseren Jobs bekommen. Mit Geld oder Ruhm hat ein solcher Topberuf aber nichts zu tun, sondern mit den folgenden fünf Eigenschaften: Er muss (a) inhaltlich vielfältig sein, die arbeitende Person muss sich mit der (b) möglichst selbst bestimmten Aufgabe (c) identifizieren, über die eigene Tätigkeit (d) Rückmeldung von anderen erhalten und somit (e) etwas in irgendeiner Form Wichtiges oder Relevantes tun.

Fraglich blieb seinerzeit, warum selbst in objektiv perfekten Jobs noch Nörgler herumspuken. Die Persönlichkeitstests –

unterteilt in Neurotizismus*, Selbstbewusstsein und Kontrollvermögen – verrieten es. Wer sich viel zutraut, dabei aber kontrolliert ist, gibt bei schwierigen Aufgaben nicht auf. Dadurch rutscht er nach und nach in immer komplexere Projekte hinein. Diese entsprechen stets seinen Neigungen und Fähigkeiten, denn andere traut sich der geistig gesunde Mensch eben nicht zu. Am Ende arbeitet die charakterfeste Person also nur noch in Berufen, die den goldenen fünf Top-Job-Eigenschaften (siehe oben) und zugleich dem eigenen Geschmack entsprechen. Bingo! Andere Menschen haben zwar einen tollen Job, er entspricht aber nicht ihren Neigungen.

Ausgelöst und vermittelt wird das alles durch bereits in der Kindheit angelegte Charakterzüge. Und die sind bekanntlich »halb genetisch, halb umweltbedingt« (Biologen-Spruchweisheit).

Kölsche Zusammenfassung: Auch wenn's im Job mal nicht so fluppt, et kütt wie et kütt (es kommt, wie es kommt). Entscheidend ist nur der Spaß an der Freud.

Ig-Gesamtnote: Könnte alles wahr sein. Daher ist das Paper leider kein Kandidat für den Ig-Nobelpreis, denn dafür muss eine Arbeit zumindest ansatzweise ignobel (unwürdig) sein. Aber offenbar haben die Autoren ohnehin ihren Traumberuf gefunden, und das ist ihnen ja Lohn genug.

Timothy Judge et al. (2000), »Personality and Job Satisfaction: The Mediating Role of Job Characteristics«. In: *Journal of Applied Psychology*, Nr. 85, S. 237–249.

EXPONENTIELLER SCHAUM UND STEIGENDE PEGEL

Auch ein Deutscher, Arnd Leike aus München, hat schon einen Ig-Nobelpreis gewonnen.

An der »Sektion« (so heißt das dort) Physik der Universität München hatte er ein altes Schulbuchexperiment nachgekocht (kochen*) und vollnerdig (Nerd*) nachgewiesen, dass Bierschaum in exponentieller* Weise in sich zusammenfällt. Dazu goss er Bier in ein Glas und maß mit einem normalen Lineal alle paar Sekunden, wie hoch der Schaum über dem Bier stand.

Dass Schaum exponentiell zusammenfällt, ist nicht verwunderlich, denn viele Vorgänge in der Natur laufen in solcher Weise ab. Züchtet man Bakterien beispielsweise unter ihren Lieblingslebensbedingungen, dann vermehren sie sich exponentiell, das heißt immer schneller. Aus einem Bakterium werden 2, daraus 4, daraus 8, daraus 16, daraus 32, daraus 64 und so weiter. Die Geschwindigkeit der Vermehrung steigt immer weiter.

Dasselbe passiert, wenn man sein Konto überzieht. Die durch Zinsen und Zinseszinsen entstehenden Schulden wachsen exponentiell, also auch immer schneller – ohne dass man irgendetwas tun braucht.

Bei radioaktiven Stoffen ist es genau umgekehrt. Am Anfang nimmt die Radioaktivität sehr schnell ab, dann sinkt sie immer langsamer. Auch das ist ein exponentieller Vorgang, nur ein umgekehrter.

Als exponentielle Vorgänge entdeckt wurden, war das spannend. Denn Radioaktivität könnte auch gleichmäßig sinken, und Schulden auf dem überzogenen Konto könnten gleichmäßig steigen. Tun sie aber nicht. Sie folgen exponentiellen Kurven.

Gleichmäßige Vermehrungsraten finden sich stattdessen bei einem Bürokopierer. Legt man eine Seite darauf, dann wächst die Anzahl der kopierten Seiten zwar stetig, aber viel langsamer als exponentiell. Beim Fotokopieren entsteht immer nur eine Seite mehr, also aus einer Seite insgesamt zwei, daraus insgesamt drei, daraus insgesamt vier und daraus insgesamt fünf.

Beim Bierschaum ist die exponentielle Sache nun kniffeliger, als man meinen könnte. Zunächst ist die Schaumhöhe gar nicht so leicht zu messen. Denn während die Krone sinkt, entsteht auch ein scheinbares Mehr an Bier. Die Oberkante des unverschäumten Pegels steigt also während des Experiments. Dabei ändert sich das Verhältnis von schaumlosem Bier zu Schaum. Doch das kann keinen Physiker erschüttern. Im Laufe der Zeit löst sich das Bierschaum-Volumen gemäß der exponentiellen Formel $1 - 1/e^* \approx 63$ Prozent auf.

Spannend wurde es, als das Ig-Nobelpreiskomitee die erste Palette leer getrunken hatte und sich Leikes Originalveröffentlichung aus dem *European Journal of Physics* noch einmal genauer anschaute. Der Autor erklärt darin anhand von Wahrscheinlichkeitsbetrachtungen unter anderem, dass es experimentelle Ausreißer gibt. Osteuropäischer Budweiser-Schaum folgt beispielsweise nicht der schönen Formel, während sich süddeutsch zerfallende Augustiner- und Erdinger-Schäume im erwarteten Rahmen hielten.

Leike selbst sagt: »Ich möchte mich einsetzen für die Anwendung naturwissenschaftlicher Erkenntnisse zur Bereiche-

Exponentieller Schaum und steigende Pegel

Funktioniert weltweit: Bierschaum-Physik. Hier ein Testlauf im April 2005 in Peking.

rung des Lebens aller Menschen und zur Schonung der Umwelt, und ich möchte andere Menschen begeistern für die Schönheit der Naturwissenschaften, insbesondere der Physik.«

Interessant ist auch der Anhang zum ausdrücklich als Lehrstück gemeinten Paper*. Über volle zwei Seiten leitet der habilitierte theoretische Elementarteilchen-Physiker her, auf welche mathematischen Formeln er seine Angaben stützt. Dieses Gewirr machte es selbst dem hartgesottenen Ig-Ausschuss unmöglich, der Sache mit den Schäumen abstrakt zu folgen.

Es gibt aber genügend Praktisches zu tun, bis auch der letzte Schaum vermessen und verstanden ist. Bitte führen Sie zahlreiche Messungen nach dem Leike-Verfahren durch und senden Sie die Messergebnisse samt Angabe der Biermarke, Chargen-Nummer*, Messtemperatur sowie Ihres Pegels an mich.

Ig-Gesamtnote: Prost und danke an Arnd Leike: Ig-Nobelpreis für Physik im Jahr 2002.

Arnd Leike (2002), »Demonstrating of the exponential decay law using beer froth«. In: *European Journal of Physics*, Nr. 23, S. 21–26.

GERUCHSKARTEN

Die rein beschreibenden Wissenschaften sind bei Naturwissenschaftlern nicht sehr angesehen. Hin und wieder gibt es aber schöne Ideen, die aus dem Schnittbereich zwischen Natur- und Geisteswissenschaften stammen. So stellte Kollega Margolies im Jahr 2001 ein eigentlich altes Konzept vor, das aber auch heute noch Sinn und Spaß macht: Geruchskarten.

Dabei geht es nicht um Rubbelkarten für olfaktorisch aufgewertete Kinostunden, sondern um die Beschreibung von Städten anhand der in ihnen wabernden und wandernden Gerüche. Die Idee stammt aus der Sozialmedizin und wurde schon 1794 von Hygieneprofessor Jean-Noël Hallé in Paris während eines Geruchsspaziergangs an der Seine angewendet. Wo es wie riecht, sagt eben viel über den Zustand der jeweiligen Gegend aus.

In Formeln fassen lässt sich das Ganze zurzeit aber noch nicht, weder in chemische noch in mathematische. Ein nasser Pudel riecht eben wie ein nasser Pudel und eine alte Holztreppe wie ... und so weiter. So kommt es, dass Geruchskarten in die Domäne der angewandten Geisteswissenschaften gerutscht sind, obwohl sie den Zustand einer Stadt samt ihrer Bevölkerung sehr akkurat darstellen – allerdings nur, wenn der Beschreibende Gerüche gut, äh, beschreiben kann.

Die neueste und Ig-nominierte Geruchskarte stammt aus dem Winter 1999/2000 und wurde als Paper in *Performance*

Research veröffentlicht. Ein Rundgang durch Manhattan ergab dabei:

- den unwiderstehlichen Duft gezuckerter heißer Nüsse (Lower Broadway),
- die schwere Süße von Räucherstäbchen (East Village),
- fiese Salzbretzels in Alu mit Senf oder Ketchup (Museum Mile),
- das warme Wehen von Waschmittelschwaden (Rivington Street),
- den Gestank von PVC und anderen Plasten (Canal Street),
- geräucherte Fische (Lexington Avenue),
- die herrlich harzige Frische von Weihnachtsnadelhölzern (Mercer Street bis Park Avenue),
- den Geruch alter Bücher (Mercer Street und Astor Place, auch am Riesenbuchladen Strand),
- das Muffeln der U-Bahn-Tunnelsysteme (das in allen Städten der Welt verschieden ist)
- und auf der 5th Avenue natürlich auch die Schwaden von Opium, Obsession und Dune, die von Gelangweilten und Bepelzten ausgehen.

Je länger ich darüber nachdenke, desto besser finde ich die räumlich und zeitlich gültigen Karten, die uns die Welt auch dann noch vor die Nase führen, wenn sich alles schon wieder geändert hat.

Nachtrag: Die Idee der Geruchskarten hat die Runde gemacht. Bis zum 12. Februar 2006 findet im Alpinen Museum in München die Ausstellung »Mit der Nase in die Berge – Alpine Duftgeschichte(n)« statt.

»Napoleon Bonaparte hat einst auf einer Seefahrt vermerkt, dass er Korsika riechen könne, lang, bevor er die Insel am Horizont sähe«, schreiben die Ausstellungsmacher. »Offenbar hat jede Landschaft ihren Eigengeruch. Hat der Alpenraum spezielle Dufteigenschaften? Haben sich diese im Laufe der Zeit verändert? Die Ausstellung eröffnet die Möglichkeit, Geschichte und Gegenwart der bayerischen Alpenwelt mit mehr als 50 verschiedenen Düften von einer neuen Seite kennen zu lernen.«

Gras und Heu aus verschiedenen Gegenden, der säuerliche Geruch hölzerner Molkereigeräte, Flechten, Moose, Tannenzapfen, Geißböcke, Latschenkiefernöl, Moorpackungen und weitere Düfte bezaubern die hoffentlich zahlreichen Besucher.

Ig-Gesamtnote: Bezieht sich nicht auf Wiederholbares, sondern auf die Dokumentation vergänglicher Eindrücke. Da diese in einigen Jahren nicht mehr reproduzierbar sind, weil die Städte (oder die Alpenlandschaften) sich geändert haben, gelten die Ergebnisse im Grunde als »nicht naturwissenschaftlich«, also nicht wiederholbar. Das wollen und sollen sie aber auch gar nicht sein – daher von mir zum Ig-Nobelpreis vorgeschlagen. Im Ig-Nobelpreiskomitee hat sich die Idee aber, wie erwartet, sofort verflüchtigt.

Eleanor Margolies (2001), »Vagueness Gridlocked. A Map of the Smells of New York (December 1999 to January 2000)«. In: *Performance Research*, Nr. 6, S. 88–97.

VIEL THC IST BESSER ALS WENIG THC

... das zeigt ein Experiment der Psychiater Chait und Burke aus Chicago. Die beiden fragten sich, ob Drogenkonsumenten in der Regel die stärkere Dosierung bevorzugen, wenn sie die Wahl haben, also: Wein statt Cidre, Korn statt Bier und so weiter.

Zwölf mutige Dauerkiffer, davon drei Frauen, mussten an einem Montag (ausnahmsweise waren auch Dienstage erlaubt) zwischen 19 und 22 Uhr je zwei Pröbchen Marihuana rauchen, die verschiedenfarbig markiert waren. Die eine Probe enthielt 0,63 Prozent THC*, die andere 1,95 Prozent. Das Ganze wurde als Doppelblindstudie angelegt, sodass weder die Versuchsleiter noch die VP wussten, welche Farbe für das höher (H) und welche für das niedriger (L) dosierte Produkt verwendet wurde.

Vor dem Kiffen mussten sich die VP 30 Minuten lang zwangsentspannen. Währenddessen sowie beim und nach dem Experiment wurde Puls und CO-Ausstoß (Maß für die inhalierte Rauchmenge) gemessen. Allerdings durften die Freiwilligen nicht kiffen, wie sie wollten, sondern mussten n = 4* je fünf Sekunden dauernde Züge im Abstand von genau 60 Sekunden nehmen. Bevor der kratzige Rauch wieder ins Freie durfte, mussten sie zehn Sekunden lang die Luft anhalten.

An den folgenden Mittwochen (oder Donnerstagen) wurde es spannend. Allen Probanden wurden jeweils zehn Joints derjenigen Farbe angeboten, die ihnen zuvor als am leckersten erschienen war. Nach Lust und Laune durften sie alle zehn Joints aufrauchen. Dazu gab es ein Glas Wasser und die schon bekannte Messelektronik.

Die Auswertung ergab, dass alle Kiffer das höher dosierte Marihuana bevorzugt hatten. Wer schwächere Joints selbst in Zwischendurchgängen nicht leiden konnte, erreichte sogar eine traumhaft ($p = 0{,}004$) abgesicherte Verhaltenskonsistenz. Von den zehn Joints wurden im Schnitt allerdings nur 3,5 verzehrt. Trotzdem keine schlechte Leistung, denn die Rauchenden hatten dafür nur 60 Minuten Zeit. Auch interessant: Beim Vorkosten stießen die Probanden nur durchschnittlich 4,3 ppm* Kohlenmonoxid aus, beim fulminant fumatorischen Finale jedoch 11,5 ppm. Kicher, kicher, kicher!

In den kommenden Jahren wollen Chait und Burke testen, wie sich Marihuanaraucher verhalten, denen Joints mit wesentlich feiner abgestuften Mengen THC zur Auswahl gereicht werden. Wer Interesse an der Teilnahme hat, melde sich bitte in der psychiatrischen Klinik der Uni Chicago; Anfragen an das *Laborjournal*, den Verlag oder den Autor sind aussichtslos.

Ig-Gesamtnote: Erst mal abwarten, was die weiteren Versuche bringen. Hihihihihi!

L. Chait / K. Burke (1992), »Preference for high- versus low-potency marijuana«. In: *Pharmacology, Biochemistry and Behavior*, Bd. 49, S. 643–647.

GIB IHM SCHARFES

Fordert man Menschen durch unverschämte Ansprachen oder Handlungen heraus, so werden sie sauer. Das wurde seit den 1930er-Jahren auch in Versuchen gezeigt. Schlecht war bloß, dass entweder der Geärgerte oder der Ärgernde Gefahr lief, außerexperimentelle Schäden davonzutragen. Hin und wieder kam es vor, dass die Gefühle überbordeten und die Versuchsleiter nicht mehr rechtzeitig eingreifen konnten. Kam es dabei nicht zu Körperverletzungen, so waren zumindest Langzeitwirkungen auf die geistige Verfassung der VP nicht auszuschließen.

Das meinten zumindest Joel Lieberman und seine Kollegen und überlegten, wie man Gereiztheit messen kann, ohne Menschen aufeinander oder Elektroschocks in dieselben zu jagen.

Elektroschocks waren während der 1960er-Jahre sehr beliebt und wurden in mehreren berühmten Versuchen verwendet. Dann kamen sie aber aus hauptsächlich praktischen Gründen aus der Mode. »Schocks sind bis heute die beste Methode, um Aggression zu messen«, meinen die Autoren, »weil dabei echte körperliche Einflüsse auf die Zielperson wirken. Es gibt aber einige Nachteile. Beispielsweise muss man teure und aufwändig zu bedienende Geräte anschaffen. Wir wollten in unseren Versuchen die Möglichkeit bieten, dem anderen ganz direkt und eindeutig Leid zuzufügen. Gleichzeitig sollte sich der körperliche Schaden aber in Grenzen halten. Also tüftelten wir ein Vorgehen aus, bei der die Versuchsperson die Menge scharfer Sauce ermitteln soll, die eine andere Person ertragen kann.«

Gib ihm Scharfes

Wer sauer ist, den bringen scharfe Speisen aus der Ruhe. In diesem vom Autor nachgestellten Experiment besteht aber wenigstens keine Gefahr, dass die VP einen Schaden davontragen.

Um die Gegner aufzustacheln, gaben ihnen die Sozialforscher Texte zu lesen, die der jeweils andere angeblich geschrieben hatte. Entweder entsprach dieser Text der politischen Einstellung des Saucenverteilers oder lief ihr schnurgerade zuwider.

Noch gemeiner war die Saftmethode. Hier brauten die Versuchsleiter dem Saucenchef einen heißen Saft, den angeblich der spätere Widersacher bereitet hatte. War das Getränk widerlich, reizte das die Rachegelüste des Safttrinkers. Denselben Effekt hatte auch das politische Pamphlet, wenn es nur genügend geistiges Gift enthielt.

Außerdem mussten die Probanden noch aufschreiben, was passieren würde, wenn sie sterben würden, und welche Gefühle das bei ihnen auslöst. Dieser Test wird Sterblichkeitsmanipulation genannt und bewirkt, dass sich die Teilnehmer schon vorab fürchten und aufgewühlt zum Test antreten.

Dann endlich durften die nach Rache dürstenden Probanden ihren eingebildeten Gegnern so viel scharfe Sauce in ein Gefäß schütten, wie sie wollten. Die Versuchsanweisung lautete, dass das Opfer auf jeden Fall die gesamte Sauce im Gefäß aufessen musste. Wie verdammt scharf die Sauce war, wussten die Teilnehmer sehr genau, weil sie vorher ein Tröpfchen davon gekostet hatten.

»Wir brauchten eine Sauce«, berichten die Forscher, »die so scharf war, dass wir nur sehr kleine Mengen wiegen mussten. Leider gab es so eine aber nicht zu kaufen. Also mischten wir fünf Teile Chilisauce mit drei Teilen Tapiato Salsa Picante. Die Teilnehmer bestätigten nach dem Versuch, dass die entstehende Sauce wirklich sehr scharf war (7,2 von 9 Schärfepunkten; 7,8 von 9 Schmerz-auf-der-Zunge-Punkten).«

Die vom menschlichen Saucenspender seinem Feind zugeteilte Sauce wurde allerdings anstelle der gegnerischen Zunge einfach einer Waage zugeführt. Das Gewicht (also die Menge) der Sauce drückte das Maß der Wut des Verteilers auf die politischen Ansichten oder auf das fiese Saftgemisch des anderen aus.

Die Methode funktionierte. Hatte man dem Saucengeber einen politischen Aufsatz vorgelegt, der ihm schmeckte, dann füllte er nur 11,9 Gramm Scharfes ab. Passte ihm der Inhalt des Textes allerdings nicht, dann wurde mehr als das Doppelte (26,1 Gramm) verabreicht.

Ähnlich, aber weniger ausgeprägt, verhielt es sich bei den Safttrinkern. Hatten sie ein peinigendes Getränk erhalten, rächten sie sich mit 22,8 Gramm scharfer Sauce. Schmeckte es hingegen lecker, wurden nur 17,1 Gramm eingefüllt.

Da es sich um einen modernen Versuch handelte, wurde nach Ende der Tests noch ein Debriefing durchgeführt. Dabei sprechen die Teilnehmer ganz offen darüber, ob sie durch einen Versuch seelisch mitgenommen wurden oder nicht. Psychologen erklärten beispielsweise, was es mit dem ekligen Saft auf sich gehabt hatte. In Wirklichkeit war er nicht von den vermeintlichen Gegnern zusammengerührt worden, sondern von den Versuchsleitern selbst. Das Rezept: Einfach einen Löffel Essig zum Getränk geben.

Alle Teilnehmer hatten den Geschmack zwar als sehr widerlich empfunden, niemand aber war im Nachhinein über den Trick erzürnt. Den Teilnehmern wurde zudem mitgeteilt, dass sie trotz der Saucengaben weder böse noch aggressiv seien.

»Niemand nahm uns die Tests übel«, atmeten die Versuchsleiter auf, »und viele meinten sogar, es sei prima gewesen, am Experiment teilgenommen zu haben.«

Damit war eine neue Psycho-Messart geboren – die »Hot Sauce Allocation«-Methode. Ihre Vorteile, so die Versuchsleiter: »Erstens ist deren Menge leicht messbar. Zweitens hat die scharfe Sauce eine für alle Teilnehmer klar erkennbare Wirkung. Und drittens wird sie auch in Wirklichkeit benutzt, um andere zu schädigen.

Zum Beispiel kippt Mrs Doubtfire im gleichnamigen Film mit Robin Williams riesige Mengen Cayennepfeffer in das Essen des neuen Freundes seiner Exfrau, um ihm den Abend zu vermiesen. Und in einem Restaurant in New Hampshire schüttete ein Koch 1995 tatsächlich sehr viel Tabasco in das Essen von zwei State Troopern, weil er Polizisten nicht leiden konnte.«

> **Ig-Gesamtnote**: Ängstlich sind sie nicht, die Kollegen der Universitäten Nevada, Arizona und Rochester. Brauchen sie auch nicht: Den Studierenden dort macht es Spaß, gefoppt zu werden, und hinterher bedanken sie sich auch

noch für die schöne Erfahrung. Mir gefällt das Paper, das restliche Komitee wird hoffentlich nachziehen. Andernfalls könnte es passieren, dass deren Diät-Cola auf einmal ganz komisch schmeckt.

Joel Lieberman / Sheldon Solomon / Jeff Greenberg / Holly McGregor (1999), »A Hot New Way to Measure Aggression: Hot Sauce Allocation«. In: *Aggressive Behavior*, Nr. 25, S. 331–348.

TROPFENDER TEER

Das Experiment beginnt lateinisch: *Relatio experimenti picis fluidatem ostendentis* (»Es wird über ein Experiment berichtet, das das Fließverhalten von Teer darstellt«) und endet in Australien. Dazwischen liegen acht Tropfen Teer.

An der Universität in Brisbane hatte Thomas Parnell im Jahr 1927 eine sehr gute Idee. Er war der erste Physikprofessor der Uni und wollte ein Experiment machen, das lange und eindrucksvoll wirken würde. Also erhitzte er einen Brocken Teer und goss ihn in einen Trichter aus Glas. Den Trichter klebte er unten zu und ließ den Versuch erst einmal drei Jahre ruhen.

1930 entfernte er den Verschluss und stellte den Trichter in ein Holzgestell. Dort konnte der Teer nun frei nach unten fließen. Schon acht Jahre später war der erste Tropfen gefallen.

Ähnlich wie beim Keksetunken (siehe: *Kekse für Kenner*) spielt die Dickflüssigkeit des Stoffes eine Rolle für dessen Fließgeschwindigkeit. Je dünnflüssiger etwas ist, desto leichter fließt es durch eine Röhre. Und das lässt sich berechnen. Dazu benötigt man im Falle des Teers zunächst einmal die Daten, zu denen die Tropfen sich abgelöst haben:

Dezember 1938	erster Tropfen abgelöst
Februar 1947	zweiter Tropfen abgelöst
April 1954	dritter Tropfen abgelöst
Mai 1962	vierter Tropfen abgelöst

August 1970	fünfter Tropfen abgelöst
April 1979	sechster Tropfen abgelöst
Juli 1988	siebter Tropfen abgelöst
November 2000	achter Tropfen abgelöst

Um die Durchflussrate zu errechnen, war es wichtig, die Menge Teer zu ermitteln, die einen Tropfen bildet. Das war aber nicht so einfach. Wiegen konnte man die Tropfen nicht: Entweder hing einer von ihnen jahrelang am Trichter, oder er verschmolz mit dem Teer im Auffangschälchen. Es hatte auch niemand Lust, jahrelang zu warten, bis der nächste Tropfen in ein frisches Schälchen fallen würde. Außerdem traute sich niemand, die mit einem schönen Glas abgedeckte Apparatur zu öffnen.

Also gossen die Kollegen einfach Wasser in das Auffanggefäß, das die bisherigen, miteinander verklebten Teertropfen erhielt. Sie errechneten dann dessen Inhalt und zogen davon die Menge Wasser ab, die noch ins Glas passte. Jetzt brauchte man diesen Rauminhalt nur noch durch die bekannte Anzahl Tropfen teilen.

Nach Berechnungen mittels des »Gesetzes« von Poiseuille und Berücksichtigung des Gewichtes des Teers im Röhrchen ergab sich Erfreuliches. »Die Zähflüssigkeit unseres Teers ist im Vergleich zu normalen Flüssigkeiten sehr hoch«, stellten die Brisbaner Physiker erstmals 1976 fest. »Er ist in etwa so zäh wie der Planet Erde.«

Dickflüssigkeit hängt auch von der Temperatur ab. Die war an der Universität in Brisbane aber nur aus den letzten Jahren bekannt. Also suchen die Kollegen in Archiven nach immer genaueren Daten. Eine von ihnen durchgespielte Möglichkeit ist, dass die Temperatur früher durchschnittlich vier bis sieben Grad unter den heutigen Mittelwerten lag (»Modell VI«). Es könnte

Der sechste Teertropfen fällt (April 1979 / mit freundlicher Genehmigung der Abt. für Physik, University of Queensland, Brisbane).

aber auch sein, dass sie ein bis zwei Grad über diesen Temperaturen lag (»Modell IV«). Zudem war es im Universitätsgebäude früher sommers etwa ein Grad und im Winter etwa zwei Grad wärmer als draußen.

»Auch wenn wir das alles berücksichtigen, kommt anhand unserer Gesamtformel immer noch nicht die mittlerweile bekannte Dichte des Teers heraus«, ärgern sich die Autoren. »Wir erhalten immer ein etwa um das Dreißigfache abweichendes Ergebnis. Wir haben zwar ein vorläufiges Temperaturmodell, das mit der Dichte des Teers zusammenpasst. Das kann aber einfach nicht stimmen, weil die Temperaturen darin unsinnig sind.«

»Ich erinnere mich noch gut an den letzten Tropfen«, sagt auch John Mainstone, Professor für Wissenschaftsgeschichte an der Universität Queensland. »Leider war ich ausgerechnet am entscheidenden Tag außer Landes. Und die Webcam, die wir auf den Tropfen gerichtet haben, hatte im entscheidenden Moment einen Speicherausfall.«

Weitere Probleme ergeben sich daraus, dass die Universitätsverwaltung neuerdings eine Klimaanlage genau in die Hörsäle einbauen ließ, vor denen das Tropfenexperiment steht. »So kommt es«, stöhnt Mainstone, »dass alle Temperaturen jetzt geradezu vertauscht sind: Im Sommer kalt, im Winter warm. Kein Wunder, dass der Teertropfen diesmal der größte in der Geschichte des Experiments war: Er fiel im neuerdings ›warmen‹ Winter ab.« Damit hatte niemand gerechnet. Weil das Gefäß darunter zu voll war, konnte der Tropfen nicht einmal vollständig abreißen.

»Jetzt stecken wir in einer schrecklichen ethischen Zwickmühle«, erklärt der alternde Professor. »Der neunte Tropfen bildet sich schon. Sollen wir seine Teerverbindung zum achten Tropfen einfach durchschneiden? Und dürfen wir den Trichter etwas höher hängen? Es könnte ja sein, dass der nächste Tropfen wieder so groß wird!«

Das Abwägen dieser zähflüssigen Fragen hat noch Zeit. Da der letzte Tropfen am 28. November 2000 – zwölf Jahre nach dem vorletzten – fiel, lohnt es sich für Sensationssuchende derzeit nicht, ein Flugticket nach Australien zu kaufen. Trotz der verdrehten Klimaanlage wird es wohl noch mindestens bis 2009 dauern, bis sich der nächste Tropfen vom teerigen Trichter löst.

> **Ig-Gesamtnote**: Großes Kino! Zudem ein Experiment so zäh wie die Erde. Vielleicht finden sich einige Straßenarbeiter, die dank ihrer Erfahrung mit Teer und Hitze beim Rätsel um das richtige Temperaturmodell helfen können?

Der Erfinder des Experiments ist übrigens schon lange tot. Der erste Bericht über die Teertropfen erschien 1976 in einer Zeitung, und bis zum Erscheinen des wissenschaftlichen Papers verstrichen weitere acht Jahre.

Mit dem Ig-Nobelpreis brauchen wir uns also auch nicht beeilen.

Ron Edgeworth / Bryan Dalton / Thomas Parnell (1984), »The pitch drop experiment«. In: *European Journal of Physics*, Nr. 5, S. 198 ff.

HUMOR IST NICHT ERBLICH

Die beste Veröffentlichung zum Thema Humor stammt aus dem Jahr 2000 und dem St.-Thomas-Krankenhaus in London. Eigentlich nahe liegend, denn die Briten sind nicht nur als Butler in Schwarz-Weiß-Filmen, sondern auch im wirklichen Leben für ihren eigentümlichen Witz bekannt. Vielleicht ist das aber auch nur Einbildung.

Die britischen Kollegen legten jedenfalls ein- ($n^* = 71$) oder zweieiigen ($n = 56$) weiblichen Zwillingspaaren (insgesamt 254 Frauen) im Alter von 20 bis 75 Jahren je fünf Bildwitze von Gary Larson vor. Um den kulturell geprägten, persönlichen Geschmack am Witz auszuschalten, nutzten die Forscher eine ausnahmsweise politisch korrekte Veröffentlichung von Hans Jürgen Eysenck aus dem Jahr 1942. Darin ist beschrieben, was uns zum Lachen bringt:

- *Affektiver Humor*, der das geistige Begreifen anderer kultureller Werte voraussetzt (Witze über andere Religionen, andere sexuelle Gewohnheiten und so weiter),
- *konativer Humor*, bei dem man sich überlegen fühlt (über Blondinen, körperlich oder geistig eingeschränkte Menschen, etwa Brillenträger; Schadenfreude über Unfälle und so weiter),
- und schließlich die einzige zu Forschungszwecken brauchbare Spaßart, die *kognitive*. Bei ihr geht es darum, eine scheinbar unerklärliche Tatsache durch ein lustig-erkennendes »Aha« aufzulösen. Beispiel: Kühe und Hühner, die im Stall mathe-

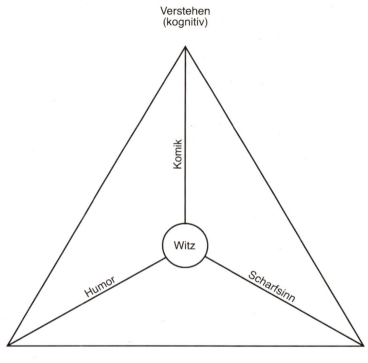

So kann man Witze auch erklären. Diagramm nach Eysenck (1942).

matische Formeln austauschen. Sobald der Bauer naht, stellen sie sich wieder dumm und rufen unverdächtig »muh« oder »gack«.

Mischformen dieser drei Witz-Dimensionen gibt es zuhauf. Sie handeln beispielsweise von Menschen mit fremden Gewohnheiten (affektiv), die gleichzeitig auch persönlich dumm sind oder dumm wirken (konativ; derzeit häufig George-W.-Bush-Witze).

Die Versuchszwillinge wurden zuerst mittels DNA-Typisierung auf ihre genetische Verwandtschaft getestet und mussten sodann gleichzeitig, aber in getrennten Zimmern, die Qualität aller ihnen vorgelegten Cartoons innerhalb von fünf Minuten beurteilen. Die Skala reichte von »Papierverschwendung« (0 Punkte) bis »einer der lustigsten Bildwitze, die ich je gesehen habe« (10 Punkte).

Dabei zeigte sich, dass Zwillinge oft eine sehr ähnliche Auffassung darüber haben, welcher kognitive Witz lustig ist und welcher nicht (Korrelations-Koeffizienten* abhängig vom betrachteten Bildwitz zwischen 0,24 und 0,61).

Allerdings machte es meist keinen Unterschied, ob die Zwillinge ein- oder zweieiig waren. Es waren diesmal also nicht die Gene (vgl. *Jobzufriedenheit ist genetisch*), sondern die Umweltbedingungen, die den entscheidenden Einfluss auf das Verhalten – hier auf die Wahrnehmung von Witzen – ausüben. Oder, in den geradlinigen Worten der Autoren: »Humor ist nicht menschlich, sondern erlernt.«

Ig-Gesamtnote: Erfreuliches Beispiel eines veröffentlichten Papers, das die eigene Anfangsvermutung (»Humor ist erblich«) widerlegt. Aus mir unerklärlichen Gründen nicht zum Ig-Nobelpreis zugelassen. Vielleicht handelt es sich um affektiv bedingten Humor?

Hans Jürgen Eysenck (1942), »The appreciation of humour: an experimental and theoretical study«. In: *British Journal of Psychology*, Nr. 32, S. 295 – 309.

L. Cherkas / F. Hochberg / A. MacGregor / H. Snieder / T. Spector (2000), »Happy families: a twin study of humour«. In: *Twin Research*, Nr. 3, S. 17–22.

BARKS' THIERLEBEN

Ob das Reich der Bewohner Entenhausens wirklich auf Stella Anatium liegt, wissen wir nicht.

Die Kollegen Martin, Martin, Jacobsen und Harms haben aber in losem Zusammenhang mit einer Ausstellung des Naturkundemuseums Karlsruhe erstmals Ordnung in die Tierwelt des Enten-Sterns gebracht. Anlass war der 100. Geburtstag von Carl Barks, dem Chronisten der besten und echten Donald-Erlebnisse, im Jahr 2001.

Glücklicherweise war die uns bekannte zoologische Nomenklatur ausreichend, um Lebewesen wie den Pfeilnäsigen Erdfloh zusammen mit dem Grauenhaften Vielfuß in die Familie Curropulexidae (Rennflöhe) zu sortieren.

Schwieriger war dem Artenreichtum in der Klasse Aves (Vögel) beizukommen. Denn hier tummeln sich neben dem Ostsibirischen Korjakenknacker auch der Streitgeier Vultus militaris und der neointelligente Singaporepapagei. Von diesem ist aber nur ein einziges Exemplar – Lore aus Singapore – beschrieben. Lore ist unter anderem durch ein fehlerfrei aufgesagtes, seemännisch inspiriertes Zitat unsterblich geworden, das der Vogel der Übersetzerin Erika Fuchs abgeguckt hat: »Hallo, alte Dampfbarkasse! Halt dein Vollmondgesicht über die Reling! Dann lachen sich die Fische kaputt.«

Mein Lieblingsvogel im Entenreich ist Cracula papperlapappa, der Indische Plaudervogel. Er manipuliert unter anderem Ziegen und Affen, bloß um an seine Leibspeise – gedörrte

Pflaumen – zu gelangen. Ein Übermaß an Pflaumen bewirkt allerdings einen gewaltigen Rausch bei der schwarz gefiederten Plapperkrähe.

Mit Vögeln hatte es Barks: Die Neurotische Nachtigall (Alaunda neurotica) denkt – entschlüsselt wird das durch einen Düsentriebschen Apparat: »Vielleicht bin ich entzückt, vielleicht bin ich bedrückt, vielleicht auch ein bisschen verrückt«, und der Gierige Eisvogel (Alcedo voluptans) schleppt Fische fort, die seine Körpergröße weit überschreiten. Er lebt am Kickmiquick und seinen Nebenflüssen im hohen Norden von Stella Anatium.

Weiters tummeln sich der Lockenschwanz- und der Herrenspecht, der Störrische Storch (Ciconia shlepnesteria) sowie der Madegassische Schabrackenschriller durch Barks' Thierleben. Verblüffend ist in diesem Zusammenhang auch der Bericht über den Dodo, der in Entenhausen ebenso wie auf der Erde die Dronte (Raphus cucullatus) vermutlich ausgestorben ist.

Ein wirbelloses Tier musste in Barks' Thierleben separat geführt werden: Die symbiotische Lebensgemeinschaft des Irrlichts. Es besteht gemäß zoologischem Vorschlag von Prof. Dusternus teils aus Bacillus molochus longogancalus und Schimmelpilzen wie Aspergillus odorifericus. Allerdings muss hier noch weiter geforscht werden; das geben auch die Autoren zu: »Der von Dusternus verwendete Gattungsname ›Bacillus‹ bezieht sich vermutlich auf den Hauptbestandteil der Symbiose und weist entweder auf grampositive Procaryonten oder ... auf Gespenstheuschrecken-Verwandtschaft hin.«

Schön wäre es, wenn die enorme Fleißarbeit meiner vier Kollegen Wind in das sterbende Feld der zoologischen Systematik brächte. Denn: Man weiß so wenig.

> **Ig-Gesamtnote**: Carl Barks und Erika Fuchs können den Ig-Nobelpreis leider nicht mehr entgegennehmen. Daher habe ich die brillanten Autoren von Barks' Thierleben zum Ig-Nobelpreis für Biologie vorgeschlagen, den sie – wenn es nach mir geht – auch zwingend erhalten werden.
>
> Oliver Martin / Patrick Martin / Peter Jacobsen / Klaus Harms (2002), »Barks' Thierleben. Biodiversität in Entenhausen«. In: *Der Donaldist*, Sonderheft 40.

FUSSFETISCHISMUS IN ZEITEN DER CHOLERA

Tatsache 1: Immer, wenn eine Seuche die Welt heimsucht, blüht der Fußfetischismus.

Tatsache 2: Bis ins 13. Jahrhundert gibt es keinen Beleg für die Fußliebhaberei. Wie kommt das?

Um dieser brisanten Sache auf die Spur zu kommen, wälzten fünf Kollegen von großen nordamerikanischen Universitäten und Krankenhäusern uralte Akten, lasen Gedichte und konnten im Jahr 1998 schließlich Folgendes berichten.

Erst Troubadoure wie Cerverí de Girona (13. Jahrhundert) brachten den Fuß als anbetungswürdiges Objekt zu Papier und Gehör. Die schicken Pedes wurden dabei im Laufe der Zeit immer detaillierter beschrieben. »In« waren schlanke Füße mit langen Zehen und ohne dazwischen liegende Hautfalten. »Out« war es, wenn der große Onkel kürzer als der zweite Zeh war.

Die Kirche erkannte in diesen sehr körperlichen Fußvorgaben neben dem üblichen Verfall der Sitten auch eine Abkehr vom reinen, gotischen Liebeswerben. Grund der erotischen Verlagerung auf Füße soll aber in Wirklichkeit die schnelle Ausbreitung des Gonokokkus Neisseria gonorrhoeae gewesen sein. Dieses Bakterium bewirkt den damals schwer behandelbaren Tripper (zu weiteren Beziehungen zwischen Tripper und Füßen siehe: *Große Füße*). Wer sich die bakterielle Geschlechtskrankheit nicht einfangen mochte, konzentrierte seine Anbetung also sicherheitshalber auf Füße anstatt auf Geschlechtsorgane.

Als dann im 16. Jahrhundert die Syphilis durch Europa tobte, kam die Lust am Fuß erneut und machtvoll auf. Von Spanien aus verbreitete sich die neue alte Fußmode über Süditalien nach Zentraleuropa. Es gab sogar Maler, die ihr Geld nur damit verdienten, perfekte Füße in Gemälde hineinzumalen.

Neu war diesmal aber, dass der Spalt zwischen den ersten beiden Zehen als Vaginalsymbol gedeutet wurde. Die dazu passenden Schuhe galten als schamlos: An der Spitze offen, elegant und natürlich italienisch. Sie begegnen uns heute noch auf allen Adelsbällen und Hochzeiten.

Die nächste Syphiliswelle zog im frühen 19. Jahrhundert durch die Lande, bis das Medikament Salvarsan Ehrlich 606 die Sache im Jahr 1909 zugunsten des GV und zum Nachteil der Fußliebe entschied. Selbst der Vorreiter der Sexualforschung Richard Freiherr v. Krafft-Ebing verkannte Fußpuristen daher und sortierte deren Vorliebe zum masochistischen Kreis.

So weit war die Geschichte also geklärt. Doch die mutigen Kollegen wollten auch wissen, wie sich die Fußverehrung heute gestaltet. Sie durchforsteten daher Schmuddelheftchen ab dem Erscheinungsjahr 1982, dem ungefähren Beginn der Aids-Ausbreitung. Wieder fanden sie Füße, Füße, Füße ... und machten die vielleicht unerwartetste wissenschaftliche Entdeckung der letzten Jahre: »Die beliebtesten Pornohefte bringen heutzutage mindestens ein Foto pro Nacktmodel, auf dem ihre Füße zu sehen sind.«

> **Ig-Gesamtnote:** Respekt! Eiskalt in einem peer-reviewten* Journal veröffentlicht. Hundert von hundert Ig-Punkten für eine wilde Idee und einen guten Vorwand, im Namen der Wissenschaft mal wieder die beliebtesten Nackthefte durchzusehen.

A. J. Gianni / G. Colapietro / A. Slaby / S. M. Melenis / R. K. Bowman (1998), »Sexualization of the female foot as a response to sexually transmitted epidemics: a preliminary study«. In: *Psychological Reports,* Bd. 83, S. 491 bis 489.

SCHAFE MÖGEN KEINEN HUNDEKOT

Frankreich-Reisende überrascht immer wieder die Mischung aus hochelektrischen Superzügen einerseits und gemütlichen Landkneipen andererseits, in denen die Welt weitgehend still steht. Denselben Effekt hat das Paper der Kollegin Arnould et al. aus Nouzilly, die sich mit der Frage befasst, warum Schafe einen Bogen um Hundekot machen.

Die Sache ist brisant, weil die weißen Wollwuschel nicht nur angeekelt stehen bleiben, sondern auch das Fressen einstellen. Zunächst wurde daher getestet, ob Schafe vielleicht einfach Angst und Ekel vor den Gerüchen *aller* Fleisch fressenden Tiere empfinden. Dazu zogen die Kollegen mit Pentan ein Extrakt aus den darmlichen Ausscheidungen von Hunden, Wölfen, Schweinen und, als besonders perfide Kontrolle, von Schafen.

Wahlweise echter Kot (35 Gramm) oder der dazu gehörende Pentan-Kotauszug wurden nun in die Nähe einer Lieblingsspeise der Schafe (30 Gramm Mais) gestellt. Ein zweiter Edelstahltrog blieb rein und enthielt nur puren, guten Mais ohne störend wabernde Olfaktorianzien. Dann wurde gemessen, wie viel Futter die Tiere aus jedem Trog fraßen.

Nach durchschnittlich zwei Sekunden (!) machten sich die Schäfchen der Zuchtlinie Île-de-France ans Werk. »Keinerlei neophobe Reaktionen«, notierten die Kollegen erfreut.

Am meisten mundete den Tieren der Mais ohne Geruchskontamination, dann folgte in absteigender Folge Mais mit

Schweineextrakten (dreiviertel der Fressaktivität), mit Hundegeruch und zuletzt mit Wolfsaroma. Der Wolfstrog wurde streng genommen allerdings nicht ein einziges Mal angerührt. Gegen den Hundegeruch hatten die Schafe ähnlich extreme Vorbehalte wie gegen den Wolfskot-Auszug. Nur drei Prozent der Tiere konnten sich entschließen, von derart behandeltem Mais zu fressen.

In der Tat mögen Schafe also die Ausscheidungen von Tieren, die Schafe fressen, nicht. Kollegin Arnould regt daher an, diese Kenntnis zur Herstellung von Schafs-Abwehrsprays auf Feldern einzusetzen.

Es gibt trotzdem noch viel Arbeit, denn in Fraktion 3 der Hundekot-Auszüge fanden sich im Gas-Chromatogramm neben Pentan- und Dodecan-Säure sowie Indol noch mehrere nicht identifizierte Fettsäuren. Hier ist die DFG* gefordert!

Ig-Gesamtnote: Wunderschönes Paper. Zum Nachkochen: 250 Gramm Kot erst mit einem Liter Wasser versetzen, dann mit 50 ml 99-Prozent-Pentan zwei Stunden ausziehen. Danach auf 2 ml Volumen konzentrieren. Dazu passt Weißbrot.

Cecile Arnould et al. (1998), »Which Chemical Constituents From Dog Feces Are Involved In Its Food Reppelent Effect In Sheep?« In: *Journal of Chemical Ecology*, Nr. 24, S. 559–574.

WACKELN STÖRT LESENDE

In den späten 1970ern hatte sich herausgestellt, dass geschüttelte Menschen schlechter lesen können als ungeschüttelte (vgl. auch *Martinis muss man schütteln*). Der experimentelle Fehler war damals aber, dass die Probanden auf einem sich bewegenden Wackelstuhl saßen. Dabei mussten sie Ziffern von der Wand ablesen. Das waren unkontrollierbare Bedingungen, denn je nachdem, wie mensch sich in den Wackelstuhl hineingelümmelt hatte, veränderte sich der Grad des Knicks in der Optik. Daher wurden die schwankenden Stühle in den 1980er-Jahren gegen vibrierende Brettchen ausgetauscht, auf die der Lesestoff montiert wurde.

Nun erst zeigte sich, dass die Leseleistung besonders stark nachließ, wenn die Störung von oben nach unten verlief. Ein horizontales Wackeln des Bildschirms hinderte die VP* weniger stark am Lesen.

Das Forschungsprojekt lag danach auf Eis. 1994 nahm sich aber das Institute for Sound and Vibration Research der Universität Southampton der Frage an, wie Londoner U-Bahnen gebaut sein müssen, in denen man in Ruhe Zeitung – genauer gesagt: die zur wankenden Forschung eingesetzte *Times* – lesen kann.

Je acht Frauen und Männer wurden daher im Labor mit 0,5 bis 10 Hertz bei Beschleunigungen zwischen 0,63 und 1,25 m/sec entweder von vorn nach hinten oder seitlich geschüttelt. Die angeschnallten VP wurden insgesamt 56 verschiedenen

Ruckelprogrammen ausgesetzt. Ihre Lesegeschwindigkeit wurde währenddessen sehr einfach gemessen: Die Getesteten mussten laut lesen. Notiert wurde dann die Anzahl der von ihnen in 30 Sekunden gesprochenen Silben.

Ergebnis: Nur drei der Rüttelfrequenzen bewirkten eine signifikant schlechtere Leseleistung: 3, 15 und 4 Hertz; seitlich geschüttelt zudem auch 5 Hertz. Bei höheren Bewegungszahlen ging das Lesen dann wieder flüssiger durchs Auge, bis es bei 10 Hertz schließlich gar keine Leseprobleme mehr gab.

Die VP wurden allerdings auch dann, wenn sie die wackelnde *Times* lesen konnten, kirre. Besonders das langsame Gewackel, das keine Auswirkung auf die Lesegeschwindigkeit hatte, störte sie. Der Grund: Vermutlich können Menschen trotz erschwerter Bedingungen weiter gleich schnell lesen, müssen sich dabei aber mehr anstrengen. Die gemessene Lesegeschwindigkeit bleibt gleich, doch das Wohlbehagen sinkt.

Die Probleme um 4 Hertz herum erklären sich damit, dass der Nachfolgereflex der Augen dem Brettchenausschlag ab dieser Frequenz rein körperlich nicht mehr folgen kann. Höhere Frequenzen bewirken hingegen, dass Zeitung und Brett nicht mehr so weit ausschlagen. Das Auge muss sich dann weniger stark hin und her bewegen und kann trotz stärkerem Rütteln wieder besser lesen.

Ig-Gesamtnote: Schade, dass nur die Londoner U-Bahnen an den Wackelergebnissen interessiert waren. Im schrottigen Bummelzug von der Küste nach London kann man nach wie vor nicht lesen, sondern nur aus dem Fenster gucken. Der Augen-Nachfolgereflex verweigert sich dem Buch, und die Anti-Skip-Funktion des CD-Players löst sich in ein schwarzes Rauchwölkchen auf: vier Hertz …

M. J. Griffin / R. A. Hayward (1994), »Effects of horizontal whole-body vibration on reading«. In: *Applied Ergonomics*, Bd. 25, S. 165–169.

DIE EHEFORMEL

Endlich mal was Nützliches: Wer wissen will, wie lang die Ehe noch hält, trägt ab sofort folgende Formel im Portmonee. Sie lautet:

Für Frauen: w(t+1) = a + r1w(t) + ihw[h(t)],

und für Männer: h(t+1) = b + r2h(t) + ihw[w(t)].

Naheliegenderweise sind w = *wife*, h = *husband* und t = *time*, i ist der Grad der Steigung. Der Trick liegt in den übrigen Buchstaben: a ist die Konstante für den Gefühlszustand der Frau, solange der Gatte fort ist, b ist die entsprechende Konstante für den verstrohwitweten Mann.

Der zur Formel entwickelte Test ist einfach und wurde über zehn Jahre an gut 700 US-Paaren erprobt. Der Mathematiker James Murray und der Psychologe John Gottman maßen nach kurzer Trennung künftiger Eheleute, wie sich deren Gefühlslage zu zweit gegenüber dem vorherigen Zustand (ohne den Verlobten/die Verlobte) änderte.

Um die Testunterhaltung der bald verheirateten VP* in Gang zu bringen, spricht der Versuchsleiter nach der Zusammenführung ein Thema an, das gerade in der Beziehung brennt, zum Beispiel Sex, Erziehung der Kinder oder notfalls brachialen Geldklimbim. Gemessen wird nun, auf welche Weise und wie stark sich die Partner in der losgetretenen Diskussion gegenseitig beeinflussen (daher Malnehmen von i, w und h).

Lächeln und Sich-in-den-anderen-hineinfühlen gibt je einen Pluspunkt, während Augenrollen und spöttisches Reden sehr viele Minuspunkte nach sich ziehen (h(t) / w(t)). Raffiniert ist die Messung der Variable r, die besagt, wie stark der Charme oder die Argumente des einen auf den anderen Partner wirken.

Hört sich schlimm an, ist es aber nicht: Schon nach 15 Minuten ist der Test vorbei. »Die Formel ist so einfach«, sagt Murray, »dass jedes Schulkind sie ausrechnen kann.«

Die getesteten Paare wurden im Abstand von zwei Jahren erneut 15 Minuten lang befragt – sofern sie noch verheiratet waren. Heraus kam, dass Murrays Mathematik die Ehedauer mit einer Wahrscheinlichkeit von satten 94 Prozent voraussagt. »Ich war selbst völlig überrascht«, meint der Forscher. »Es ist uns gelungen, menschliches Verhalten in eine vernünftige Formel zu übertragen.«

Die aus der Formel entstehenden Linien sind tatsächlich für jedermensch verständlich: Bleiben sie gerade, so ist die Ehe stabil, neigen sie sich nach unten, so vermeidet das Paar Zank, aber auch reinigende Donnerwetter. Zieht die Linie hoch, so wird es brenzlig, und die Ehe steht vor dem Absturz.

Der Test von Murray und Gottman ist auch deshalb elegant, weil man bis in die 1970er-Jahre hinein meinte, dass Ehen scheitern, wenn die Partner ihre Ansprüche jeweils gegeneinander aufwiegen wollen *(quid pro quo)*. Wie sich nun zeigte, ist es aber gerade umgekehrt: Wer in der Ehe krämerisch aufrechnet, belastet die Beziehung.

Stabilisierend ist es, Probleme zu erkennen und positiv zu bearbeiten, das heißt zu reparieren. Dabei darf es auch emotional und sogar laut zugehen – solange das Getöse sich nicht um den unabänderlichen Charakter des Partners dreht, sondern um eine machbare Konfliktlösung.

Die drei ehelichen Todsünden lauten daher: Motzen, murren und maulen. Das tun Sie eh nicht? Vielleicht doch: 69 Prozent aller Paare im Ehelabor werfen sich gegenseitig Probleme vor, die von vornherein nicht zu lösen sind.

> **Ig-Gesamtnote**: Die knorke Testserie ist das Steckenpferd des einst schottischen, jetzt US-amerikanischen Mathematikers James Murray. Zudem mag er Paris, mittelalterliche Kunst, die Mathematik des Aufbaus von Fingerabdrücken sowie englische Aquarelle aus dem 19. Jahrhundert. Ein Herz für Nerds* mit Stil: Bitte drücken Sie die Daumen für Murrays Kandidatur zum Ig-Nobelpreis.
>
> J. M. Gottman / J. D. Murray / C. Swanson / R. Tyson / K. R. Swanson (2002), »The Mathematics of Marriage: Dynamic Nonlinear Models«. In: MIT Press, Cambridge.

SYMPATHISCHE KEIME

Keime, Bazillen und andere Lästlinge werden zu selten beforscht. Als in Deutschland beispielsweise angebliche Milzbrand-Briefe auftauchten, fanden sich nur zwei Labors, die diese überhaupt untersuchen konnten.

Diese geistige Verweigerung ist grundfalsch. Man kann Keime beispielsweise benutzen, um zu ermitteln, wie sehr einer den anderen mag.

Die Psychologin Leanna DeAngelo aus Missouri arbeitet seit Jahren daran. Genauer gesagt: Sie legt ihren Versuchspersonen (ziemlich schlechte) Zeichnungen von Fantasie-Erregern vor. Die Zeichnungen müssen dann bestimmten Menschen zugeordnet werden: einer geliebten Person, sich selbst und einer fremden Person.

Die schickeren, harmlos anzuschauenden Keime – bei DeAngelo an eine Pizza mit Spiegeleiern erinnernd – werden wie erwartet meist Freunden zugeordnet. Lustig: Von Nahestehenden verschleppte Erreger sind angeblich immer harmlos.

Anders sieht es aus, wenn die Probanden haargenau denselben Keim an einer verhassten Person beurteilen sollen. Jetzt wird das zuvor unschädliche Ding auf einmal als gefährlich und ansteckend beschrieben.

Die richtig fies gezeichneten Keime werden am ehesten fremden Menschen zugedichtet. Interessant ist dabei die Abstufung der nur im Kopf vorhandenen Keimgefährlichkeit:

Für dieses Buch von Bühnenmalerin Lisa Fuß (Staatstheater Stuttgart) und Kunstmaler Michael Hutter (Köln) erschaffene Traumkeime zum Selbsttest.

- Geliebte Person: Keim hübsch und ungefährlich
- Ich selbst: Keim okay
- Gehasste Person: Keim ansteckend
- Ein Fremder: Keim hässlich, gefährlich und ansteckend

Leanna DeAngelo fand das so spannend, dass sie zuletzt weiteres Fantasiepersonal einführte. Welche Keime, frage sie sich und die VP*, würden Mutter Teresa, Hitler, Lady Diana, jungen dunkelhäutigen Menschen, alten spanischstämmigen Menschen und so weiter zugeordnet werden? Um dabei das Nachdenken zugunsten ehrlicher Antworten weitgehend auszuschließen, wurden die Beschreibungen nur 50 Millisekunden lang dargeboten. Danach mussten die VP sofort entscheiden. Nun brachen die verblüffendsten Vorurteile hervor:

- Hellhäutige Menschen im Alter über 80 Jahre haben die ansteckendsten Keime,
- Mutter Teresas Keime – wenn sie noch lebten – wären völlig harmlos, obwohl die heilige Schwester unter anderem in einer Leprastation arbeitete,
- und auch junge spanischstämmige Menschen tragen nur sympathische, harmlose Erreger mit sich herum.

Das war unerwartet, denn darin spiegelten sich nicht die üblichen gesellschaftlichen Vorurteile in den USA wider, sondern wesentlich tiefer liegende Ängste.

Geschlechtsunterschiede gibt es im Land der Fantasiekeime übrigens kaum. Wenn, dann wird am ehesten Männern eine gewisse Hygiene-Muffeligkeit zugetraut. Die ist aber auch in der Wirklichkeit nachweisbar: Sogar Notfallchirurgen waschen sich die Hände trotz neonfarbener Schilder über dem Waschbecken so selten, dass es die freundlichen Keime happy und die Hygieniker rasend macht.

> **Ig-Gesamtnote**: Gute Zeiten für die Keime von Lady Diana, schlechte für alternde hellhäutige Gerontokraten. Das gefällt mir, und – zack – schon ist Psychologin DeAngelo für den Biologie-Ig-Nobelpreis vorgeschlagen.

Leanna DeAngelo (2001), »Subliminal Perception: Biased Attributions in Matching Persons with Drawings of Germs?« In: *Journal of Health Psychology*, Nr. 6, S. 457 bis 466.

Steve Dorsey / Rita Cydulka / Charles Emerman (1996), »Is handwashing teachable? Failure to improve handwashing behavior in an urban emergency department«. In: *Academic Emergency Medicine*, Nr. 3, S. 360–365.

NACKTE VERHINDERN NACHDENKEN

»Hilfe, mein Hemd ist zu klein«, meldete das Seite-Eins-Girl der BILD am Tag, an dem ich dieses Paper in die Hand bekam. Die Folge: »Ständig purzeln sie raus, ihre zwei frechen Obermieter.« Lösung: »Ach, Dunja, ärger dich nicht, kleine Nummern sind diese Saison echt angesagt.«

Was Dunja nicht weiß: Herausragende Reize behindern die Wahrnehmung.

Diese Erkenntnis stammt aus den 1970ern, als auch viele Deutsche nackt herumtobten. Damals streuten die Kollegen Douglas Detterman und Norman Ellis zwischen schwarz-weiße Strichzeichnungen Nacktbilder. Es zeigte sich, dass nahezu alle Betrachter sich an diese aus der Reihe fallenden Darstellungen erinnerten. Allerdings bewirkten die sexy Pics eine retro- und anterograde Amnesie bei den Versuchspersonen: Die unmittelbar vor und nach den Nackten gezeigten Strichzeichnungen wurden besonders schlecht erinnert.

Stephen Schmidt griff diese Versuche wieder auf. Er meinte, dass die Nackten in den 1970ern vielleicht nur deshalb herausgestochen seien, weil sie etwas völlig anderes als die doofen Strichzeichnungen darstellten. Nur deswegen, nicht aber wegen der eigentlichen Nacktheit, sollten die FKK-Bilder so aufmerksam betrachtet und erinnert worden sein.

Im Jahr 2002 belehrten 102 Studierende Schmidt eines Besseren. Der Forscher hatte erneut Nackte ausgewählt, diese aber nun in eine Fotoserie mit bekleideten Menschen geschmug-

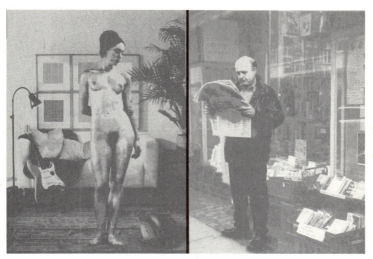

Aus dem Skizzenbuch der Gedächtnisforschung: Wer Nackte sieht, vergisst die dahinterliegenden Details. Dabei ist das Geschlecht der Abgebildeten jedoch ebenso egal wie das der Betrachter.

gelt. Im Bildhintergrund arrangierte er (digital) ein Wohnzimmer mit gediegenem Holzboden, einer Gitarre, Zimmerpflanze, Telefon, Kissen und einem Liederheft. Die bekleideten Kontrollmenschen waren ebenfalls in angereicherter Umgebung zu sehen: beim Tanken, im Café, beim Bergsteigen, Angeln, Äpfel pflücken und Ähnlichem.

Nach dem Anschauen der Bildserie erinnerten die Probanden 4,6 körperliche Details der nackten Menschen (beispielsweise deren Haarfarbe), aber immerhin auch 4,2 Details der bekleideten Personen. Die bekleideten Körper wurden also ebenso gründlich betrachtet wie die unbekleideten.

Ganz anders sah es für die schönen Objekte im Hintergrund aus. Während sich die Probanden aus dem Hintergrund der Bekleideten im Schnitt 0,72 Gegenstände einprägten, waren es bei den Nackten nur noch 0,23 Objekte (p* < 0,1). Dass dabei, wenn überhaupt, (a) Männer eher Gegenstände hinter nackten Frauen und (b) Frauen bevorzugt Objekte hinter nackten Männern in Erinnerung behielten, war ein interessanter Nebenbefund. Auch das schon bekannte, durch Nacktheit bedingte Vergessen reproduzierte Schmidt: Die drei nach einem Nacktfoto gezeigten Abbildungen entfielen den meisten Probanden.

> **Ig-Gesamtnote**: Erstens: Frauen achten ebenso wie (angeblich nur) Männer stark aufs nackte Äußere des anderen. Zweitens: Den *Playboy* lesen Herren nicht wegen der Interviews, denn die behält man wegen der nackt ausgelösten Amnesie sowieso nicht. Drittens: Die Meldungen »Erster Lachs nach Hause gekommen«, »Fernsehen macht Kinder traurig« und »Wilder Schafbock rammt Rentner tot« habe ich gleich wieder vergessen. Wer war schuld? Natürlich Dunja und ihre frechen Obermieter.
>
> Stephen Schmidt (2002), »Outstanding Memories: The Positive and Negative Effects of Nudes on Memory«. In: *Journal of Experimental Psychology: Learning, Memory, and Cognition*, Nr. 28, S. 353–361.
> Douglas Detterman / Norman Ellis (1972), »Determinants of induced amnesia in short-term memory«. In: *Journal of Experimental Psychology*, Nr. 95, S. 308–316.

STAUBIGE VÖGEL

An Legebatterien wird sich bald niemand mehr erinnern können. Die Biologen Tina Widowski und Ian Duncan versetzten sich trotzdem in die Welt der dort gehaltenen Hühner und fragten sich, wie stark die Tiere ihr Staubbad vermissen. Dazu bauten sie eine Kiste, die nur mit einer Art Katzenklapptür verschlossen war. Dahinter verbarg sich ein weiteres Räumchen, dessen Boden acht Zentimeter dick mit Torffasern ausgelegt war.

Die Frage war, wie stark sich die Tiere anstrengen würden, um zum begehrten Schmutz zu gelangen. Also klemmten die Forscher verschieden schwere Gewichte an das Türchen und hielten die Hühner einige Tage lang vom Staubbaden ab. Zuvor hatte man zwölf schönen Amberlink-Hühnern, die im Torfgewühl groß geworden waren, beigebracht, wie eine Schwingtür überhaupt zu öffnen ist.

Im Test hatten die Tiere zehn Minuten Zeit, die Tür zu öffnen. Wenn sie sich in den Torfraum begaben, durften sie 200 Sekunden lang machen, was sie wollten, beispielsweise den Boden zerraufen. Dann wurden sie wieder in die Ausgangsbox verfrachtet, und das Gewicht der Tür um jeweils 100 Gramm erhöht. Bei schwächlichen Hühnchen drückte man ein Auge zu und legte nur 25 Gramm auf. So oder so hörten die ständigen Unterbrechungen der Staubbäder immer nach der letzten Testeinheit pro Tag auf, und man gestattete dem Versuchshuhn dann 20 himmlische Minuten im Substrat*.

Wie auch beim Kaulquappentest (vgl. *Köstliche Kaulquappen*) gab es zwei unerwartete Ausreißer. Diesmal waren es poshe Hühner, die zwar vollständig begriffen hatten, wie das Türchen zu öffnen war, sich aber standhaft weigerten, es zu bewegen, wenn irgendein Gewicht darauf lastete. Sechs der verbleibenden zehn Tiere waren weniger zimperlich und hievten auch ohne besonderen Antrieb ein gutes halbes Kilo Extragewicht an, um in den Torf zu gelangen. Hatte man ihnen das Staubbad mehrere Tage vorenthalten, näherten sie sich sogar der Ein-Kilo-Grenze, wobei Henne Nummer sechs mit eineinhalb gestemmten Kilogramm einen Rekord erzielte. Anders als erwartet ließen sich aber alle Hühner, egal ob staubgierig oder nicht, immer ungefähr eineinhalb Minuten Zeit, bis sie mit dem Staubbad begannen. Manchmal hatten sie dazu aber auch gar keine Lust und harrten stattdessen der kommenden Dinge.

Dass ein Huhn stark war, hieß übrigens nicht, dass es sich deswegen auch immer Mühe gab. Einige Tiere öffneten das Türchen gern immer wieder, während andere sich schon nach dem ersten erfolgreichen Durchgang die Mühe sparten und lieber in der torflosen Kiste blieben, in der sie nach 200 Sekunden ja eh wieder landeten. Gelang es den Tieren nur noch mit Mühe, das Türchen hochzudrücken, dann entschieden sie sich manchmal auch für ein *vacuum dustbath*, also ein gespieltes Staubbad ohne Staub in der torffreien Kiste.

»Unserer Versuche zeigen, dass selbst Hennen, die längere Zeit nicht im Staub baden konnten, sich nicht immer körperlich anstrengen, um auf eine geeignete Unterlage zu kommen«, berichten die Autoren. »Es könnte auch sein, dass wir aus Versehen eine Fehlkonditionierung vorgenommen haben. Die Hühner haben bei uns vielleicht so lange gelernt, dass Türen stemmen immer mit dem geliebten Staubbad einhergeht, dass ihre

Glücksgefühle zuletzt schon durch das Heben der Tür allein ausgelöst wurden.«

> **Ig-Gesamtnote**: Kritzekratze – Spitzenklasse. Unsere pickenden Freundinnen lassen sich nicht vom Versuchsleiter vorschreiben, wann und wie lange sie zu staubbaden haben. Der Ig-Nobelpreis hätte an die Federviecher gehen müssen, aber das war dann sogar den oft kindlich vergnügten Kollegen aus den USA zu dumm. So prallte Stolz auf Stolz und die ganze Sache versandete wie eine Scharrspur im Wüstenwind.
>
> Tina Widowski / Ian Duncan (2000), »Working for a dustbath: are hens increasing pleasure rather than reducing suffering?« In: *Applied Animal Behavior Science*, Nr. 68, S. 39–53.
>
> Gurbakhsh Sanotra / K. Vesterggard / J. Agger / Lartey Lawson (1995), »The relative preferences for feathers, straw, wood shavings and sand for dustbathing, pecking and scratching in domestic chicks«. In: *Applied Animal Behavior Science*, Nr. 43, S. 263–277.

BÖRSENHANDEL UND IDIOTIE

Eine sehr einfach programmierte Maschine handelt an der Börse genauso erfolgreich wie die in feinen Zwirn gewandeten menschlichen Akteure. Der Grund ist, dass niemand die Aufs und Abs des Börsenhandels grundlegend durchschaut und die Menschen daher per se nicht perfekt handeln können. In Fachkreisen wird dies »das Problem des unvollständig informierten Händlers« genannt.

Welch wunderschöne und bizarre Blüten das treibt, haben das Kamel Laila und die Entertainerin Michaela Schaffrath gezeigt. Bei einem Börsenwettbewerb traten sie kürzlich gegen Wolf Drees von der 60 Milliarden Euro schweren Firma Union Investment an. Drees wählte seine Aktien »durch analytische Kenntnis«, Frau Schaffrath »aus dem Bauch raus« und Schwielensohler Laila durch die Verzehrreihenfolge von auf Aktienstapel gelegten Brötchen. Nach drei Monaten Laufzeit lag der Wert der Aktien von Wolf Drees auf Platz drei und damit hinter den Paketen des Kamels sowie der strahlenden Siegerin Schaffrath.

Doyne Farmer (USA), Paolo Patelli (Italien) und Ilija Zovko (Niederlande) wollten dazu Näheres wissen und programmierten zwei künstliche Börsianer: einen, der stets sofort kauft und verkauft (»unlimitiert«), sowie einen anderen, der nur innerhalb festgesetzter Preisgrenzen handelt (»limitiert«). Die beiden Softwares hatten im Übrigen keinen einprogrammierten Schimmer von den Gegebenheiten des Aktienmarktes.

Den haben die lebenden Börsianer offenbar auch nicht. Die drei Forscher werteten elf sehr große, an der Londoner Börse gehandelte Aktienpakete von August 1998 bis April 2000 aus. Ergebnis: Die sechs Millionen Wertpapierbewegungen wurden von den echten Händlern ebenso zufällig durchgeführt wie von den Programmen. Der einzige Unterschied war, dass die Menschen ihre Käufe und Verkäufe mit Intuition, Analyse und Berechnung begründeten, während die Roboter bescheiden blieben.

Das alles heißt weder, dass die Programmierer schlau noch dass die Börsianer dumm sind. Es zeigt aber, dass wir Menschen die unausrottbare Angewohnheit haben, statistisch wabernde Ereignisse in ein begründendes Zwangsgewand zu pressen.

Mir selbst ist jeder Gedanke an Aktienhändel übrigens schon als Jugendlicher ausgetrieben worden. Der Vater meiner Ex war Wirtschaftsjournalist und erklärte am Küchentisch gern, wie der Aktienmarkt funktioniert. Seine Regel ist erstens einfacher als das Abschätzen möglicher Kurse und hebelt zweitens den Wahn der Gewinnmaximierung aus: »Was der eine an der Börse gewinnt, muss der andere verlieren.«

Ig-Gesamtnote: Das Paper hat es nicht nur fett in zwei der wichtigsten naturwissenschaftlichen Zeitschriften geschafft (*Nature* und *PNAS*), die Autoren haben es zugleich noch gratis unter arXiv.org gelegt. Sehr sympathisch und auch deswegen Bonuspunkte für die Bewerbung zum Ig-Nobelpreis für Biologie, Mathematik, Wirtschaftswissenschaften oder irgendein anderes Fach, das wir uns notfalls kurz vor der Verleihung ausdenken.

Doyne Farmer / Paolo Patelli / Ilija Zovko (2005), »The predictive power of zero intelligence in financial markets«. In: *Proceedings of the National Academy of Sciences of the United States of America*, Nr. 102, S. 2254–2259.

HÜHNER BEVORZUGEN SCHÖNE MENSCHEN

Ein Gesicht verrät nicht nur viel über den Phänotyp* des möglichen Partners, sondern auch über dessen Genotyp*. Wer beispielsweise gegen Parasiten resistent ist, wird von diesen nicht in der Körperentwicklung gestört und hat dann regelmäßigere Gesichtszüge als der parasitierte Nachbar. Das, so meinen heutige Biologen, ist der Grund, warum die stinklangweiligen Gesichter von Schiffer, Moss und Klum trotzdem rocken: Ihre Züge sind hochsymmetrisch.

Auch Ethnie, Geschlecht und Alter spiegeln sich im menschlichen Gesicht wider. Das ist bei der Entscheidung über eine angestrebte Verpaarung praktisch: Schon beim Candle-Light-Dinner in geschlossener Abendgarderobe (Europa) beziehungsweise dem ersten Date in fluffigem Joggingdress (USA) lässt sich abchecken, ob man sich später gegenseitig ausziehen sollte oder nicht.

Drei Stockholmer Kollegen fanden das alles zu vermenschlicht und prüften, ob nicht die Liebe zur Ebenmäßigkeit entwicklungsgeschichtlich viel tiefer ins Nervensystem programmiert ist. Die optische Prä-Sex-Prüfung innerhalb der eigenen Art sei nur Folge einer fest verlöteten Schönheitsprogrammierung.

Vier Haushühner und zwei Haushähne wurden daher mit Leckerlis trainiert, ein aus 35 überlagerten Fotos gebildetes Standardgesicht des jeweils anderen Geschlechts prima sowie sechs echte, weniger gleichförmige Gesichter uninteressant zu finden.

Der Zoologe und Verhaltensforscher Magnus Enquist interessiert sich nicht nur für Hühnchen, sondern auch für verschieden symmetrische Pinguine. Wie man sieht, beruht das auf Gegenseitigkeit. (Foto: M. Enquist)

Gleichzeitig wurden je sieben Biologiestudenten und -studentinnen gefragt, mit welchem der auch den Hühnern gezeigten Menschengesichtern sie gern – und wie gern – ausgehen würden.

Das Ergebnis: Die Chickens pickten umso hastiger, je symmetrischer das Gesicht vor ihrem Schnabel war, und auch die Chicks wollten am liebsten mit symmetrischen Kerls um den Block und ins Bett ziehen. Die Bevorzugungskurven ähnelten sich mit $r^2 = 0{,}98$ (siehe r* und Korrelations-Koeffizient*) schon geradezu gespenstisch. Es gab nicht eine einzige Ausnahme, in der die Güte eines Gesichtes von den hopsenden Federbündeln anders bewertet wurde als von Menschen.

Ig-Gesamtnote: Kurze und schmerzliche Ergebnisse: Ig-Nobelpreis des Jahres 2003 für interdisziplinäre Forschung. Alle drei KollegInnen reisten aus Stockholm an und feierten mit der versammelten Schar asymmetrischer Sonderlinge.

Stefano Ghirlanda / Liselotte Jansson / Magnus Enquist (2002), »Chickens Prefer Beautiful Humans«. In: *Human Nature*, Nr. 13, S. 383–389.

MÜCKEN UND LIMBURGER KÄSE

Es gibt viele Annahmen darüber, was Mücken wohl mögen: Süßes Blut, Käsefüße, Achselschweiß und so weiter. Wie jedem Tropenreisenden leidlich bekannt ist, gibt es unter den vielen Arten stechender Mücken aber große regionale Unterschiede. Deutsches Autan hilft nicht unbedingt gegen vietnamesische Mücken, während die Stinkekringel von den Philippinen in Europa wirkungslos verräuchern.

Um den sommerlichen Terror ein für alle Mal zu beenden, versuchte die Mosquito and Fly Research Unit des US-Landwirtschaftsministeriums, eine weltweit anwendbare Falle zu entwickeln – gespeist mit Limburger Käse.

Dieses leckere Nahrungsmittel weist nicht nur eine Rotschmiererinde, sondern auch einen kräftigen Geruch auf, den mein Kollege Daniel Kline 615 Weibchen aus sechs sirrenden Mückengattungen (Aedes, Anopheles, Culex, Culiseta, Psorophora und Coquillettidia) vorhielt. Zur Auswahl hatten die Tiere zudem drei Tage lang getragene Socken, menschliche (lebende) Hände und saubere Luft.

Das Ergebnis war überraschend: Zwar flogen die Tiere von Anfang an sehr gern die Socken an (66,1 Prozent), ließen den Limburger aber links liegen (6,4 Prozent). Nachdenklich machte vor allem die anhaltende Vorliebe der Tiere für die getragenen Textilien: Selbst nach acht Tagen Lagerung im Freien flogen die Mücken immer noch die Socken an.

Damit wird die studentische Zeltlagerstrategie »Socken kurz lüften und dann wieder anziehen« sinnlos. Zwar hilft dies dabei, den bekanntermaßen ekeligen Waschraum des Campingplatzes beziehungsweise der Jugendherberge nicht betreten zu müssen. Andererseits locken die nur scheinbar frischen Socken nachts klammheimliche Sechsbeiner ins Zimmer.

Und jetzt die gute Nachricht: Obwohl sich die Fettsäuren in Limburger Käse und Abschabungen ungewaschener Menschenfüße stark ähneln, gibt es doch genügend andere Unterschiede in derer sonstiger Zusammensetzung. Selbst gierige Blutsaugerinnen lassen sich vom Milchprodukt nicht täuschen und bleiben dem evolutionären Original – dem schwitzenden Menschen – in Treue ergeben.

Ig-Gesamtnote: Trotz des hohen Nutzwertes und der mutigen Sockenträger wurde das Paper aus unerklärlichen Gründen nicht zum Ig-Nobelpreis zugelassen. Meine LeserInnen wissen es ab sofort besser und können künftigen Sommern beziehungsweise tropischen Klimaten mutig, weil mit frischer Fußbekleidung, ins schwirrende Auge blicken.

Daniel Kline (1998), »Olfactory Responses and Field Attraction of Mosquitoes to Volatiles from Limburger Cheese and Human Foot Odor«. In: *Journal of Vector Ecology*, Nr. 23, S. 186–194.

Mark Benecke et al. (2004), »Sticht! Das Mücken-Quartett. Ein Insekten-Kartenspiel«. In: *Neon*, Nr. 8 (21.6.2004), S. 106 f.

»FUCK« FÖRDERT DEN ARBEITSFRIEDEN

In Neuseeland fanden nicht nur die Dreharbeiten für den *Herr-der-Ringe*-Dreiteiler statt, sondern zuletzt auch Tonaufnahmen zur Frage, wann, warum und wie die Mitarbeiter einer Seifenfabrik in Wellington fluchen.

Die mutigen Sprachforscher der örtlichen Universität stellten beim Abhören der Fließbandgespräche fest, dass die Seifenarbeiter einerseits von ihren Kollegen anerkannt und gemocht werden wollen, andererseits aber auch ein kleines bisschen Privatsphäre auffe Arbeit brauchen.

Was dem Akademiker als unlösbarer Widerspruch erscheint, ist dem Proletarier wie so oft ein Leichtes: Er flucht – und zwar bevorzugt mit dem auch im deutschsprachigen Raum immer beliebter werdenden Wörtchen »fuck«.

Sprach- und sozialwissenschaftlich gesehen, handelt es sich dabei um einen *face threatening act* (FTA; »ins-Gesicht-schleudernde Handlung«), was allerdings schon 1978 erkannt worden war. Es bedurfte aber weiterer 25 Jahre, bis nun endlich die volle Breite der »Fuck«-Verwendung ermittelt werden konnte. Das Four-letter-word kann demnach verwendet werden:

- zur Verstärkung des Gesagten *(that's fucking marvellous)*,
- als Beschreibung, dass etwas den Bach hinuntergegangen ist *(bloody hell, I am fucked)*,
- als Aufmerksamkeit erzeugendes Partikel *(fuck! look at that!)*,
- als Beleidigung *(fuck you, you stupid fuck!)*

- sowie als Umschreibung für den GV (lt. geisteswissenschaftlichem Autorenteam angeblich erstmals beschrieben in H. Orsman (2001), *Reed Dictionary of New Zealand English*, 3rd ed., Reed, Auckland).

Die 19-seitige Veröffentlichung beim großen Wissenschaftsverlag Elsevier Science schließt mit der Feststellung, dass die Benutzung des Wortes das Gemeinschaftsgefühl stärke, weil es eine familienähnliche, das heißt hier: undiplomatisch-pragmatische Atmosphäre schaffe und damit dem Ausbruch von Streitereien im Seifenwerk wirksam vorbeuge. O-Ton der schriftlich niedergelegten Schlussfolgerung: »Höflichkeit ist eine komplizierte Angelegenheit.«

> **Ig-Gesamtnote**: Super. Endlich habe ich einen einwandfreien (und hoffentlich bald auch ignoblen) Grund für meine Gattin, warum ich stets schniefe, huste und fluche: Es liegt nicht etwa daran, dass ich ein Barbar bin, sondern es fördert einfach den ehelichen Frieden und unser Zusammengehörigkeitsgefühl.
>
> Nicola Daly / Janet Holmes / Jonathan Newton / Maria Stubbe (2004), »Expletives as solidarity signals in FTAs on the factory floor«. In: *Journal of Pragmatics*, Nr. 36, S. 945–964.

SCHLAFZIMMER SPIEGELT DIE SEELE

Forscher aus ordnungsliebenden Gegenden der Welt (Singapur und Texas) haben sich im Jahr 2000 zusammengeschlossen, um zu prüfen, wie sich auch ohne Anwesenheit eines Menschen dessen Charakter ermitteln lässt.

Grundlage der Experimente waren zwei Theorien. Erstens: Bei der Persönlichkeitsdarstellung umgeben sich Menschen mit Symbolen, die ihr Selbstbild widerspiegeln und verstärken, beispielsweise mit einer Muschel als Urlaubserinnerung (Romantiker), einem Blutspende-Aufkleber (soziale Verantwortung, »guter Mensch«) oder einer Maske aus Afrika (Abenteurer).

Die zweite Überlegung besagt, dass jeder Mensch soziale Spuren legt und hinterlässt. Hier drückt sich der Charakter also in indirekteren Zeichen aus. Male ich gern, so liegen Stifte herum, also bin ich »künstlerisch« veranlagt. Sind meine DVDs von A bis Z sortiert, bin ich ordentlich und damit ein gewissenhafter Mensch.

So weit die Theorie. Die Forscher schickten nun Trupps von Versuchspersonen in Architekturbüros, Banken und Werbeagenturen und ließen die Beobachter melden, welchen Charakter die nicht anwesenden Insassen der Arbeitswaben wohl haben würden. Erstaunlicherweise stellte sich heraus, dass die Einschätzungen der VP recht nah an denen lagen, die sich die Untersuchten selbst auch attestierten – etwa zur Frage des seelischen Gleichgewichts oder ob sie sich als extrovertiert, niedergeschlagen und/oder »angenehm« einschätzten.

Dieser verblüffenderweise funktionierenden Wohnzimmerpsychologie misstrauend, wurden nun 83 Schlafzimmer nach derselben Methode unter die Lupe genommen. Doch auch hier zeigte sich: Die Ermittler konnten durch bloßes Betrachten der *behavioral residues* einschätzen, ob der Schläfer modern, effizient, sportlich und/oder putzteuflisch ist.

Nur zwei Besonderheiten gab es: Erstens ist es einfacher, den Menschen an seinem Schlafzimmer zu erkennen, da er sich am Arbeitsplatz wegen äußerer Zwänge weniger entfalten und ausdrücken kann. Und zweitens darf der Betrachter nicht wissen, aus welcher Ethnie die VP stammt – sonst fällt er doch noch auf Vorurteile wie »offen und extrovertiert« (Weiße) oder »verantwortungsvoll und angenehm« (Asiaten) herein.

Ig-Gesamtnote: Obwohl die Ergebnisse für ein 18-seitiges Paper vielleicht einen Tick zu vorhersagbar sind, können Sie nun wenigstens wissenschaftlich und objektiv beweisen, welchen Charakter Ihr Chef/Ihre Chefin hat. Zusendungen mit Foto des untersuchten Arbeits- oder Schlafplatzes bitte an den Autor.

Samuel Gosling / Sei Jin Ko / Thomas Mannarelli / Margaret Morris (2002), »A room with a cue: Personality judgements based on offices and bedrooms«. In: *Journal of Personality and Social Psychology*, Nr. 82, S. 379–398.

AGGRESSION IM AUDITORIUM

»Ich mag nur Darkwave und Industrial. Wenn meine Gattin Bach hört, fange ich an zu schreien«, zitierte mich kürzlich unsere örtliche Boulevardzeitung *Express*. Umgekehrt stimmt es allerdings auch.

Um diesen Missstand aufzuhellen und um herauszufinden, ob aggressive Musik wirklich aggressiv macht, spielten im Jahr 2002 drei Kollegen aus den USA 572 (!) Studierenden recht aktuelle Musik vor; andere Probanden mussten die Lyrics einfach laut vorlesen. Die Songtexte waren oft wirklich hart (*»I should kick you, beat you, fuck you, and then shoot you in your fucking head«*).

Zuletzt mussten die Probanden doppelsinnige Worte interpretieren, beispielsweise »Stock« (könnte zum Wandern oder Schlagen benutzt werden), »Polizei« (kann helfen oder böse sein), »Flasche« (Alk oder Limo), »Nacht« (Gefahr versus Romantik) und so weiter.

Heraus kam Unverhofftes. Erstens: Egal, wie bluttriefend oder fies der Inhalt eines Liedes war, wenn er mit Humor gemischt war, entstand keine zusätzliche Aggressionsneigung im Auditorium.

Zweitens: Frauen reagierten auf die Aggro-Mucke besonders negativ. Das liegt aber nicht daran, dass die Texte Hass gegen Menschen und die Welt auslösen, sondern – Zitat der Versuchsleiter – weil »weibliche Personen in der Regel nicht so gern Hardrock hören wie männliche«.

Anders gesagt: Viele Frauen mögen die ganze Musikrichtung nicht. Da ihnen schon die Melodie missfällt, dringen sie zum

Aggressive Musik gefällt vor allem Männern. Hier ein Selbstversuch mit Industrial-Musik im heimischen Lehnstuhl.

menschenverachtenden, hässlichen oder grauenhaften Inhalt gar nicht vor. Tun sie es doch, so empfinden Frauen diese Inhalte unverständlicher als Männer: 4,9 (Frauen) versus 5,8 (Männer) auf einer Skala von 0 bis 11. Aggressiv wurden die Versuchsstudentinnen also nur, weil sie im Experiment wider Willen harte Hymnen hören mussten.

> **Ig-Gesamtnote**: Perfekter Zirkelschluss! Die Frage, ob harte Musik wahlweise eine Katharsis (amerikan. *venting*, »Luft ablassen«) bewirkt oder doch alles noch schlimmer macht, kann nur durch weitere Experimente geklärt werden. LeserInnen, besucht die örtlichen Konzertspielstätten!
>
> C. Anderson / N. Carnagey / J. Eubanks (2003), »Exposure to violent media: the effects of songs with violent lyrics on aggressive thoughts and feelings«. In: *Journal of Personality and Social Psychology*, Nr. 84, S. 960–971.

EISKALTE PENISKNOCHEN

Die schwedische Fachzeitschrift *Oikos* ist immer für eine Überraschung gut, weil sich ihre Redaktion von auch noch so abstrus erscheinenden Themen nicht abschrecken lässt. So druckte sie im Jahr 2004 den aufwändig geführten Nachweis, dass Wirbeltiere einen umso längeren Penisknochen (= *baculum*) haben, in je höheren Lagen sie leben.

Das hat drei Gründe. Erstens sind Tiere in den Bergen wegen der wenigen Nahrung weit verteilt und treffen sich – zusätzlich durch den hohen Schnee behindert – nur selten. Hier hilft wegen der mangels Dates nicht zu erreichenden Quantität einzig eine hochqualitative Begattung. Wer einen langen Penisknochen besitzt, ist hier im Vorteil, denn sein Sperma dringt nicht nur tiefer ein. Es werden gleichzeitig auch die Spermien des Vorgängers mechanisch-kolbenartig ausgeräumt.

Diese Verdrängung hat zweitens nur deshalb einen Sinn, weil viele Wirbeltierweibchen in großer Höhe das Einnisten der Eizellen über einen Monat lang verzögern können. Auch das ist eine Anpassung an die unwirtlichen Lebensräume: Nur wenn das Wetter besser wird, kommt das Ei zur Implantation. Erst diese variable Verspätung erlaubt postkopulatorische Konkurrenz.

Drittens wurde schon 1979 erstmals vermutet, dass ein größeres Baculum auch eine höhere (»bessere«) Erregung beim Weibchen bewirken könnte. Hierzu ist aber nix Genaues bekannt, da eigentlich erst Nerze, Vielfraße, Schwarzbären und

Wer ein Leben in der Kälte führt, hat einen langen Penisknochen. Das Walross *(Odobenus)* schlägt dabei mit 56 Zentimetern andere Säugetiere aus dem Feld. (Foto von *Odobenus rosmarus*; U.S. Fish and Wildlife Service / Donna Dewhurst/AK/RO/00242).

Stinktiere untersucht wurden, die sich allesamt kniffelig gebärdeten.

Bonuspunkte gibt es für den Fleiß der forschenden Kollegen Ferguson und Larivière: Sie werteten Daten von 13 332 (kein Tippfehler!) Wetterstationen aus, ermittelten den Wasserbedarf beziehungsweise -verbrauch der Tiere, bezogen Höhe, Schneefall, Populationsgrößen und -dichten sowie Polygynie und Monogamie mit ein. Dabei zeigte sich, dass der Penisknochen schrumpft, wenn Männchen Zugang zu vielen Weibchen haben (Polygynie). Gibt es dagegen Mitbewerber um die Weibchen *(multi-male mating)*, steigt die Knochenlänge wieder.

Übrigens ist der Penisknochen auch bei Säugetieren, die im Meer kopulieren, länger (Rekord: 56 Zentimeter beim Walross), da die Spermien vom salzigen Liquid geschädigt würden. Mithilfe eines langen Baculums gelangen sie jedoch sicher dahin, wo sie hingehören.

Ig-Gesamtnote: Zahlreiche Fliegen mit einem Penisknochen erschlagen; kristallklarer Kandidat für den diesjährigen Biologie-Ig-Nobelpreis. Aber wahrscheinlich hört in Harvard eh wieder keiner auf mich und meine wilden Baculi.

Steven Ferguson / Serge Larivière (2004), »Are long penis bones an adaption to high latitude snowy environments?« In: *Oikos*, Nr. 105, S. 255–267.

SPUCKENDE IGEL

Immer mehr Tierarten geraten aus unserem verstädterten Blickfeld. Einige vierbeinige Mitgenossen schaffen es aber, nicht nur in Kinderbüchern, sondern sogar in grünen Stadtteilen noch sichtbar zu bleiben. Sie gelten dann meist als süß und knuffig, sind es aber natürlich nicht im Geringsten.

Ein Beispiel dafür ist der Igel. Stets verlaust, tapert er schlurfend und schmatzend durch die Gärten. Doch damit nicht genug. Wenn sich Igel aufregen, bespucken sie sich.

»Zweifellos handelt es sich um einen Instinkt, dessen biologische Bedeutung uns jedoch nicht völlig klar ist«, sagt Igelforscher Martin Eisentraut. »Kommt ein Igel mit bestimmten, charakteristisch schmeckenden oder riechenden Stoffen, besonders solchen, die ihm neu und ungewohnt sind, in Berührung, beginnt er lebhaft interessiert, sie zu belecken und gegebenenfalls mit dem Maul aufzunehmen und durchzukauen. Er steigert sich dabei in einen Erregungszustand und sondert reichlich Speichel ab, mit dem er durch Kaubewegungen das Ganze in eine schaumige Masse verwandelt.

Nach geraumer Zeit wendet das Tier seinen Kopf unter eigenartigen Verrenkungen nach hinten und spuckt oder besser schleudert mit der lang hinausschnellenden Zunge den Speichel auf sein Stachelkleid. Meist wiederholt der Igel den Spuckakt mehrmals, mitunter sogar 40- bis 50-mal, wobei er dann gewöhnlich beide Körperseiten und verschiedene Partien seines Stachelkleides einspeichelt.«

Das weckte die Neugier der Forscher. Wussten sie schon nicht, warum die Igel sich so gebärdeten, so wollten sie wenigstens wissen, welche Substanzen den Igel zur schäumenden Raserei brachten. Also setzten sie ihnen Leim, Hyazinthen, Parfüm, Seife, Druckerschwärze, Baldriantinktur, faulende tierische Stoffe, Krötenhaut und andere Igel vor. Außerdem bepusteten sie die Igel mit Lackdämpfen und Zigarrenrauch. In allen Fällen bespuckten sich die Igel mehr oder weniger stark.

Erlernt ist das Verhalten nicht, weil schon sieben Tage alte Tiere es zeigen. In diesem Alter sind die Augen der Igelchen aber noch geschlossen.

Eisentraut besorgte sich nun Tiere aus völlig anderen Gegenden der Welt, nämlich aus Äthiopien und dem Iran. Als er einen noch blinden äthiopischen Igel aus dem warmen Körbchen nahm, geschah es:

»Als der Jungigel mit etwas aufgerichteten Vorderfüßen über den Tisch zu kriechen begann, kam er mit meiner Tabakpfeife in Berührung, leckte mit zunehmendem Interesse am Mundstück und führte daraufhin das typische Selbstbespucken vor, indem er den Kopf scharf einmal nach rechts, dann nach links wendete und mit der vorgestreckten Zunge schaumigen Speichel auf die seitlichen Rückenstacheln absetzte. Nach kurzer Zeit hatte er sich abreagiert und kroch weiter.«

Es genügt den Igeln aber auch, wenn sie die Hand des Forschers oder eine Blumendekoration mit der Nase berühren. Das Bespucken ist so anregend, dass es auch andere Igel mitreißt. »Währenddessen stürzte ein zweiter Jungigel in großer Erregung aus dem Käfig, beschnüffelte den Sichbespuckenden und kaute ebenfalls etwas an den abgerissenen Blütenteilen. Er beruhigte sich dann aber bald und lief davon, ohne gespuckt zu haben.«

Das Bespucken ist deswegen so interessant, weil kein anderes Säugetier ein derartiges Verhalten zeigt. Vielleicht ähnelt es dem Verhalten von Hunden, die sich in stark riechenden Substanzen wälzen, oder dem Einemsen von Vögeln. Dabei nehmen Vögel herumlaufende Ameisen mit dem Schnabel auf und reiben sie ins Gefieder. Das kann so weit gehen, dass sich die Tiere mit halb geöffneten Flügeln auf einen Ameisenhaufen legen. Auch hier ist eine steigende Erregung der Tiere zu beobachten, und auch hier lassen sich die Tiere mit anderen Substanzen foppen: Zitronensaft, Orangen, Essig, Apfelstücken und ähnlich Saurem.

»Der positiv gefühlsbetonte Erregungszustand kann sich bis zu einer Ekstase steigern«, merkt Eisentraut an. »Vögel können aber mit Ersatzobjekten vorlieb nehmen. Es liegen Beispiele dafür vor, dass ein Vogel nur so tut, als nähme er Ameisen auf und streiche sie gegen das Gefieder.

Beim Igel wie beim Vogel kommen recht merkwürdige Körperverrenkungen vor, die so weit gehen, dass das Tier mitunter das Gleichgewicht verliert und seitlich umkippt.«

Ig-Gesamtnote: Fraglos hervorragend. Da außer mir im Komitee niemand Deutsch spricht, und da der Originalartikel unübersetzbar ist, bleibt dieses Opus ein Geheimtipp.

Martin Eisentraut (1953), »Vergleichende Beobachtungen über das Sichbespucken bei Igeln«. In: *Zeitschrift für Tierpsychologie*, Nr. 10, S. 50–55.

FALLSCHIRMSPRINGEN LOHNT SICH NICHT

Die meisten Menschen würden lieber sterben, als aus einem Flugzeug zu springen, in ungebremstem Fall zur Erde zu stürzen und dann zu warten, bis sich ein Nylonschirmchen öffnet – oder auch nicht. Ganz anders die mutigen Fallschirmspringer. Sie frönen dieser Beschäftigung nicht nur als Soldaten oder privat, sondern auch irgendwo dazwischen, nämlich bei Wohltätigkeitsveranstaltungen.

Ich selbst habe eine schöne Kostprobe solch eines Sprungs gesehen, als unser Ruderverein neben Rennen und Würstchen noch etwas Besonderes bieten wollte, nämlich besagten Sprung. Leider verwehte es den ehemaligen Soldaten, und er landete im Wasser, das eigentlich für die rudernden Recken reserviert war.

Auch drei schottischen Spezialisten für orthopädische Chirurgie kam dieses Problem nicht nur zu Ohren, sondern auch laufend unters Messer. Sie baten daher fünf Jahre lang alle umliegenden Fallschirmschulen, nicht nur ihre Schwerverletzten einzuliefern, sondern auch die minder schwer Lädierten zu melden.

Der Zufall wollte, dass es damals gerade Mode war, den eigenen Sprung als Mutprobe daran zu koppeln, dass dadurch Geld für eine Wohltätigkeitsveranstaltung gesammelt wurde. Die Fallschirmschulen machten dabei einen Fehler. Sie boten den wohltätigen Springern nicht nur einen preiswerten Kurs an, sondern auch, sie bei geeignetem Wetter in etwa 800 Metern Höhe aus dem Flugzeug zu schubsen. Zählte man, was die Zuschauer der Sprungshows dabei durchschnittlich für gute Zwecke spendeten, so kam man auf immerhin 42,18 Euro pro Fallschirmspringer.

Das wäre ein sehr ordentlicher Spendenertrag gewesen. Leider schmierten aber 174 Kandidaten, stets im Moment des Bodenkontaktes, derart ab, dass sie sich allerlei quetschten, rissen und brachen. Eine Aufprallgeschwindigkeit von 20 km/h ist eben kein Zuckerschlecken – besonders, wenn man, wie 94 Prozent der verletzten Wohltäter, den ersten Sprung hinlegt.

»Na und, es hat sie ja niemand dazu gezwungen«, würden wir Deutschen jetzt sagen und den Verletzten etwas Obst ins Krankenhaus schicken. Nicht so die krämerischen Angelsachsen. Sie rechneten zusammen, welche Kosten dem staatlichen Gesundheitssystem entstanden, wenn mal wieder ein Sprung schief lief:

Notruf 42 Euro, Röntgen mindestens 56 Euro, Pflaster 21 Euro, Tetanus 7 Euro, Schmerzmittel 14 Euro, Blutbild 15 Euro, Knochennägel 562 Euro, Betrieb und Reinigung des OP-Raums bis zu 2812 Euro, Wirbelsäulen-Schiene 560 Euro und so weiter: Jeder gespendete Euro kostete die Krankenkasse fast 20 Extra-Euros. Hinzu kam ein Arbeitsausfall der Springenden von durchschnittlich drei Monaten.

Besonders hart traf es diejenigen, deren Abenteuer wegen schlechten Wetters erst verspätet stattfinden konnte. Rund einen Monat nach dem Crashkurs hatten die meisten Wohltäter bereits alles wieder vergessen und legten bloß noch einen Crash hin. 72 Prozent von ihnen mussten ins Krankenhaus eingeliefert werden.

Ig-Gesamtnote: Wer wagt, gewinnt nicht immer. Eine schöne, aber leider recht teure Lehre, die der Ig-Nobelpreisausschuss für Wirtschaftswissenschaften nur deshalb nicht belohnte, weil eine andere, noch ignoblere Wirtschaftsstudie dazwischen kam (siehe: *Später sterben spart Steuern*).

C. T. Lee / P. Williams / W. A. Hadden (1999), »Parachuting for charity. Is it worth the money? A 5-year audid of parachute injuries in Tayside and the cost to the NHS«. In: *International Journal of the Care of the Injured*, Nr. 30, S. 283–287.

FRAUENVERSTEHER UND PORNOGRAFEN

Obwohl sich einige Anbieter durchaus Mühe geben, der Sache Esprit einzuhauchen, sind die meisten Pornofilme dramaturgisch recht gleichförmig. Die ritualhafte Aneinanderreihung von Verhaltensabläufen ist aber nicht nur stumpf, sondern engt auch das Denken und Wollen der Zuschauer ein. Wem die Fantasie allerdings vorher schon fehlte, der wird sie hinterher auch nicht vermissen.

Ryan Burns von der Christian University (ausgerechnet!) in Texas war diesem Übel im Jahr 2002 auf der Spur. Er trommelte n* = 348 Männer zusammen, die gewohnheitsmäßig Sexfilme oder -bilder ansahen, und ließ sich erklären, warum sie das tun. Außerdem notierte der frisch gebackene Doktor, was die VP* über Frauen denken.

Jedem ist klar, was solch eine Studie wahrscheinlich ergibt: Männer, die häufig Pornos gucken, sehen in Frauen nichts als ein Sexobjekt. Die Frage ist nur, ob die Männer das schon immer so empfanden. Es könnte ja auch sein, dass die Filme eine Art verkorksten Lernvorgang antreiben, bei dem der Zuschauer sich geistig immer mehr auf dieselbe Stufe wie die erregenden Vorbilder auf dem Bildschirm begibt.

Anders gesagt: Wenn ein Mann schon immer ein schlechtes Menschen- und Frauenbild hatte, dann können die Sexfilme daran nicht schuld sein. Falls Pornos aber Propaganda gegen Gleichberechtigung und Anmut wären, dann sollte man sie vielleicht wirklich abschaffen. Denn dass die Zuschauer durch Filme langsam aber sicher zu Menschen verachtenden Maschinen umprogrammiert werden, kann niemand wollen.

Da Kollege Burns von Beruf Kommunikationsforscher ist, las er sich zuvor in die Texte derjenigen Frauenrechtlerinnen ein, die gegen Pornos sind. Außerdem beschäftigte er sich mit den biopsychologisch und sozialwissenschaftlich recht gut untersuchten Vorgängen beim Lernen. Denn angeblich sind es ja die in den Sexfilmen dargestellten Verhaltensweisen, von denen der Betrachter lernt, sich danebenzubenehmen.

Beim Nachdenken kristallisierten sich vier Sätze heraus, die Burns mittels eines Tests jeweils bestätigen oder widerlegen wollte:

Je mehr Pornos und Nacktfotos ein Mann ansieht,

- desto eher beschreibt er Frauen mit vorwiegend sexuellen Begriffen;
- desto eher beschreibt er Frauen mit Worten, die deren Weiblichkeit betonen;
- desto eher beschreibt er Frauen allgemein abwertend;
- desto eher sieht oder wünscht er sich Frauen in althergebrachten Rollen.

Mit diesen von Gefühlsballast befreiten Annahmen ließ sich nun wissenschaftlich arbeiten. Der dazu passende Fragebogen enthielt nur wenige, dafür aber gut überlegte Fragen: Welche Art von Porno schauen Sie? Wie lange? Warum? Und wie beschreiben Sie Frauen?

Die Fragen wurden nun noch ein wenig verfeinert und ins Netz gesetzt – dorthin, wo Gewohnheitspornografen auf sie stoßen mussten. Erstaunlich war, dass es Burns sogar gelang, Sex-Bezahlseiten davon zu überzeugen, die Aktion einige Tage lang zu veröffentlichen. Auch in Diskussionsforen wie sex-kitten.com und passenden Newsgroups erschien der Aufruf.

Burns scheute wirklich keine Mühe. Im Usenet fischte er beispielsweise aus der bekannten Obergruppe mit dem Namen »alt.sex« (»alternativ/sex«) Diskutierende aus 72 verschiedenen heterosexuellen Untergruppen. Sie wurden allesamt mit den Fragen versorgt. Auch die Teilnehmer von 52 Sexkanälen im ebenfalls im Internet verfügbaren Direktaustausch IRC (Chat) sprach der fleißige Forscher nach Auswahl mithilfe des Windows-Programms mIRC an.

Das Gute an dieser rein aufs Internet anstatt auf Partys, Heftchen und DVDs bezogenen Untersuchung war, dass hier ehrlichere Antworten als in der Videothek oder im Sexshop zu erwarten waren. Während die Gäste und Kunden sich dort immerhin noch an der Kasse oder vor ihren Freunden outen müssen, bleiben sie im Netz vollkommen anonym und können ihre echten Vorlieben frei zugeben.

Als die Bögen eintrudelten, ergab sich eine Überraschung. Viele Sexsuchende waren weder fantasie- noch farblos. So mussten sich die Teilnehmer zum Beispiel selbst ausdenken, wie sie Frauen beschreiben wollten; es gab keine Vorauswahl von Eigenschaftswörtern, wie bei Ankreuztests zwangsläufig üblich. Eingesendet wurden sage und schreibe 1322 Frauen zugeschriebene Eigenschaften. Kein Tippfehler – den Männern waren wirklich weit über 1 000 Wörter eingefallen. Hier eine Auswahl der häufiger genannten:

sanft, graziös, kreativ, wankelmütig, ängstlich, schwierig, dominant, individuell, ehrlich, geil, süß, kurvig, großzügig, gruppenorientiert, humorvoll, listig, unerklärlich, überzeugend, berechnend, attraktiv, ruhig, hässlich, liebenswürdig, arbeitsam, geduldig, weich, belastbar, eifersüchtig, kleinlich, einfühlsam, rachsüchtig, warm, unabhängig, gefühlsbetont und zuverlässig.

Das Frauenbild pornografisierender Männer kann also durchaus vielschichtig und detailliert sein. Unter den Top 5 der Eigenschaften sieht es dementsprechend aus; allerdings findet sich nun auf Platz eins endlich auch:

1. Sex
   sowie dann:
2. fürsorglich
3. schön
4. faul
5. stark.

Auch hier also dieselbe Doppelwertigkeit, die Pornomänner schon in der langen Wörterliste ausdrücken: Frauen sind weich und hart, faul und arbeitsam, vertrauenswürdig und beeinflussend sowie schwach und stark. Hm.

Dass das Wort »Sex« am häufigsten genannt wurde, war für die Studie aus zwei Gründen unproblematisch. Erstens handelte es sich ja ausschließlich um Männer, die über Pornoseiten angesprochen wurden. Doch die wurden nun einmal mit sexueller Absicht angesteuert.

Zweitens war die Wortsammlerei nur der erste Schritt auf dem Weg zur Lösung der eigentlichen Frage: Welches Menschenbild haben Pornofreunde, die sich pro Woche durchschnittlich fünfeinhalb Stunden lang Pornos oder Nacktbilder in den Kopf drücken, dabei aber meist verlobt oder verheiratet sind (44,2 Prozent)?

Die Antwort lautet, dass Pornos und Sexbildchen für diese Männer vor allem der sexuellen Anregung und Entspannung dienen.

Diejenigen von ihnen, die pro Woche mehr als drei Stunden lang Pornos schauten, beschrieben Frauen tatsächlich eher mit sexuell gefärbten, die Weiblichkeit betonenden und abwertenden Eigenschaftswörtern ($p^* < 0,05$) als die Weniggucker.

Außerdem stellten sich die Dauerbetrachter Frauen am liebsten in der früher in den USA und Europa üblichen Rolle als zurückhaltende Mutter und Hausfrau vor.

»Die durchaus frauenunfreundlichen Ansichten der Pornovielgucker kommen wohl daher«, meint Burns, »dass sie beim Surfen ohne den Einfluss ihrer Freunde sind. Niemand sagt ihnen dort, dass sie sich einer sehr unausgewogenen sexuellen und gesellschaftlichen Vorlage aussetzen. Ob sie diese Vorlage aber ansteuern, weil sie in den Pornos ihr vorgefasstes Weltbild wiederfinden, oder ob sie umgekehrt von den Sexfilmen beeinflusst wurden und erst durch diese verbogen wurden, wissen wir nicht.«

Ig-Gesamtnote: Und zack, damit ist die Untersuchung wieder bei der Ausgangsfrage angelangt.

Ein Ig-Nobelpreis wäre durchaus drin gewesen: große Stichprobe, vernünftig gebildete und geprüfte Annahmen sowie mit Mühe und Sorgfalt ausgewählte VP.

Auch die Ergebnisse der Befragung sind interessant: Nacktbild- und Pornogucker sind nur bei Dauerkonsum stupide Blödmänner mit überkommenem Frauenbild. Beim Großteil handelt es sich um sozial eingebundene, »normale« Menschen, die sehr viele Eigenschaften von Frauen wahrnehmen und beschreiben – fast immer ohne sexuellen Bezug.

Wegen dieser in den USA politisch inkorrekten Doppelschneidigkeit bleibt das Paper aber vermutlich wieder einmal in der ewigen Ig-Warteschleife.

Ryan Burns (2003), »Male Internet Pornography Consumer's Perception of Women«. (Online Study of Male Internet Pornography Consumers' Perception of Women and Endorsement of Traditional Female Gender Roles.) 89th Annual Meeting of the National Communication Association, November 19–23, 2003, Miami, Florida, 44 Seiten.

TAXIFAHREN IN NIGERIA

Ende der 1970er-Jahre stieg auf einmal die Zahl der Verkehrstoten in Nigeria. Eine erste Überprüfung ergab, dass die Autofahrer nicht nur zu schnell fuhren, sondern sich auch sonst nicht weiter um Verkehrsregeln scherten. Die Fahrzeuge waren öfters gnadenlos überladen (10,3 Prozent), und jeder zehnte Fahrer hatte nie einen Führerschein gemacht. Fast die Hälfte der Unfälle (43,8 Prozent) wurde laut Polizei durch rücksichtsloses Fahren verursacht, was auch immer das im Einzelnen heißen mag.

Kollege Wole Alakija von der Universität Benin wollte sich mit diesen allzu nahe liegenden Erklärungen nicht zufrieden geben und rollte das Ganze noch einmal von vorn auf.

Als Erstes fiel ihm bei der Durchsicht der Akten auf, dass die Unfälle vorwiegend von Taxis verursacht wurden (41,6 Prozent). Also baute er im Büro eines der drei großen Stellplätze in Benin ein Minilabor auf und schnappte sich mit Erlaubnis der zuständigen Gewerkschaftsbosse 180 der stets männlichen Taxifahrer. Darunter waren auch solche, die von Benin aus nach Lagos, Sapele und Agbor – das heißt längere Strecken – fuhren.

Da die meisten Befragten des Lesens und Schreibens unkundig waren, entschied sich Alakija für zwei Bildertests (Snellen-Test und E-Test). Dabei werden Tafeln aufgehängt, die anstelle der immer kleiner werdenden Buchstaben beim Optiker Bilder zeigen. Die Fahrer mussten nun beschreiben, was auf den

Bildern zu erkennen war. Außerdem wurden sie nach Alter, Familienstand, Ausbildung und ihren Fahrerfahrungen befragt.

Obwohl kein einziger Taxifahrer zugab, jemals einen nennenswerten Unfall gebaut zu haben, zeigte sich nun auf einmal der unerwartete Grund der Unfälle. Über 90 Prozent der Taxifahrer fuhren noch nicht einmal zwei Jahre Auto, und ein gutes Drittel schnitt im Sehtest so schlecht ab, dass sie ohne Brille noch nicht einmal in ein Auto hätten einsteigen dürfen. Die Sehschwäche war aber kaum einem Fahrer bewusst: Nur acht von 100 sehbehinderten Drivern besaßen eine Brille.

Eine interessante Falle umschiffte Autor Alakija mit Geschmeidigkeit: Da nur jeder zehnte Fahrer verheiratet, die allermeisten aber Singles oder geschieden waren, könnte man frech behaupten, dass Taxifahren schädlich für Beziehungen ist (vgl. *Lehrende laufen Gefahr, sich in Studentinnen zu verlieben*). Doch das wäre wohl ein typisches Storchproblem* gewesen.

> **Ig-Gesamtnote**: Hut ab – hört sich hinterher ganz einfach und nahe liegend an: Die Unfälle entstanden durch Unerfahrenheit und Sehschwäche. Man musste aber erst mal darauf kommen, und zwar durch echte Messungen, nicht durch Nachdenken im staubigen Kämmerchen. Die Studie hätte meiner Meinung nach einen Ig-Nobelpreis verdient, das Team in Harvard hat sich aber wohl nicht getraut, den nigerianischen Kollegen mit dem Taxi zum Flughafen fahren zu lassen.
>
> Wole Alakija (1981), »Poor Visual Acuity of Taxi Drivers as a Possible Cause of Motor Traffic Accidents in Bendel State, Nigeria«. In: *Journal of Soc. Occup. Medicine*, Nr. 31, S. 167–170.

A. Siddique / C. Abengowe (1979), »Epidemiology of road traffic accidents in developing communities: Nigeria as an example«. In: *Tropical Doctor*, Nr. 9, S. 67.

WER TRINKT, VERDIENT MEHR

Das Zerrbild des saufenden Hallodris, der mit Zottelbart und fleckiger Bekleidung durch die Straßen torkelt, spiegelt die Wirklichkeit nur teilweise wider. Ökonom Christopher Auld von der kanadischen Universität Calgary konnte das in einer ebenso aufwändigen wie politisch inkorrekten Untersuchung nachweisen.

Schon seit einigen Jahren geisterte unter Wirtschaftswissenschaftlern das »Alkohol-Einkommen-Rätsel« herum. Es besagt, dass Menschen, die trinken und hochwertige Drogen zu sich nehmen, in der Regel auch viel verdienen. Da dies den US-Amerikanern, die sich mit sachbezogener Drogenpolitik schwer tun, zu heiß war und den Europäern offenbar zu langweilig erschien, steckten auf einem wirtschaftswissenschaftlichen Kongress im Jahr 2000 vorwiegend kanadische Forscher die Köpfe zusammen und nahmen sich der Sache an.

Der grundsätzliche Widerspruch ist dabei, dass Dutzende von aktuellen Untersuchungen scheinbar beweisen, dass Alkoholkonsum zu Verkehrsunfällen, Selbstmorden, Gewalt gegen andere Menschen und, für Wirtschaftswissenschaftler am entsetzlichsten, zu enormen Arbeitsausfällen führt. Unbegreiflich war daher, dass mit steigendem Pegel das Einkommen zunehmen sollte. Hinzu kommt, dass Raucher weniger verdienen als Alkoholtrinker – und das, obwohl Rauchen und Trinken, wie jeder Partygänger weiß, oft aneinander gebunden sind.

Zusätzlich angestachelt wurde Ökonom Auld, als er mit den gängigen Formeln seiner Wissenschaft berechnete, was geschehen müsste, würden Menschen die Finger völlig vom Alkohol lassen. Schockierendes Ergebnis laut Computerauswertung: Sie würden im Vergleich zu ihrer alkoholisierten Umgebung im schlimmsten Fall nur mehr die Hälfte verdienen.

Um dieses Gestrüpp aus unvereinbaren Tatsachen zu lichten, besorgte sich Auld 3891 Datensätze aus dem »General Society Survey« (GSS; vgl. *Ausziehungskraft junger Frauen*) und nahm sich vor, den Tatsachen vorurteilsfrei ins Auge zu sehen.

Heraus kam Folgendes:

Erstens: Nordamerikaner, die mindestens eine Zigarette pro Tag rauchen, verdienen zwischen acht Prozent und 30 Prozent weniger als Nichtraucher.

Zweitens: Es stimmt, dass Alkoholabstinenzler bis zu 50 Prozent weniger verdienen als Trinker. Allerdings gilt dies nicht für harte Säufer. Die verdienen ebenfalls nur die Hälfte.

»Warum das so ist, weiß ich auch nicht«, sagt Auld. »Vielleicht landen Menschen mit einem bestimmten Charakter einerseits in gut bezahlten Jobs und haben andererseits auch einen Hang zum Trinken. Das wiederum kann an allem Möglichen, sogar den Geschmacksnerven, liegen, was wir als Wirtschaftswissenschaftler aber nicht prüfen konnten. Ich hoffe jetzt auf weiteres Funding*. Dann werde ich erst mal ein paar Lokalrunden schmeißen.«

Ig-Gesamtnote: Wer sich extrem benimmt, ist im Nachteil. Das gilt für krankhaftes Saufen ebenso wie für Abstinenzler. Die Ursache für diesen Zusammenhang ist noch unklar, und auch die Sache mit den härteren Drogen müsste noch mal nachgeprüft werden. Eine insgesamt saubere Studie, die das puritanische US-Team aber wie erwartet nicht zum Ig-Nobelpreis zugelassen hat.

M. Christopher Auld (2002), »Smoking, Drinking, and Income«. In: *Journal of Human Resources und Department of Economics Discussion Paper*, University of Calgary.

KÖSTLICHE KAULQUAPPEN

»Über die vergleichende Schmackhaftigkeit einiger in der Trockenzeit anzutreffender Kaulquappen aus Costa Rica« überschrieb der kalifornische Zoologe Richard Wassersug seine klassische Untersuchung zur Frage, wie Kaulquappen schmecken. Dazu scharte er elf Freiwillige und acht Arten von Quappen aus vier Familien und sechs Gattungen um sich.

»Es handelte sich um häufige Arten von der Halbinsel Osa in der Region Puntaneras«, erinnert sich Wassersug, »und wir sammelten sie alle am Morgen des 6. März 1970.« Der eigentliche Versuch zog sich etwas in die Länge, sodass die Tiere ihre letzten Stunden in Aquarien verbrachten. Um 15.45 Uhr war die Schonfrist vorbei, und die mutigen Probanden – zwei Studentinnen, neun Studenten – verkosteten die kleinen Schwimmer.

Während des zweieinhalbstündigen Festmahls durften die Probanden keine Kommentare zum Geschmack der rohen Quappen abgeben, um sich nicht gegenseitig zu beeinflussen. Außerdem wurden ihnen die Tiere in einer den Studierenden unbekannten, wechselnden Reihenfolge verabreicht. Der Grund: Es war bekannt, dass dunkel gefärbte Kaulquappen möglicherweise schlecht schmecken. Das hat nichts mit ihrer Färbung zu tun, sondern damit, dass sich beispielsweise die schwarze Larve der Aga-Kröte Bufo marinus beobachtbar in riesigen Schwärmen tummelt. Diese dunklen Wolken greift kein Meerestier an. Ob das bloß auf die eindruckvolle Wirkung des schwarzen

Blobs im Meer oder aber die Giftigkeit jedes einzelnen Tierchens zurückzuführen ist, war damals unbekannt. So oder so sollten die Verkoster aber von ihren eigenen Vorurteilen abgeschirmt werden.

Das Essprotokoll war streng: Zunächst wurde das Hinterende der Kaulquappe vorsichtig mit den Zähnen ergriffen, dann mussten die Tiere leicht gekaut werden, ohne deren Haut zu zerstören. Erst nach 15 Sekunden durfte zugebissen und sich bis zu 20 Sekunden lang dem vollen Genuss hingegeben werden. Laut Versuchsanleitung sollten die Quappen allerdings nicht vollends verzehrt, sondern wie bei der Verkostung teurer Weine wieder ausgespuckt werden.

Ergebnisse: Zunächst mussten die zwei Raucher vom Test ausgeschlossen werden, weil sie entweder gar nichts schmeckten oder die Quappen wesentlich leckerer fanden als alle anderen Versuchsteilnehmer. Nach dieser Bereinigung der Daten zeigte sich, dass die dunkle Meeresquappe von Bufo marinus tatsächlich als Einzige einen schlechten Hautgeschmack hat. Diese unschöne Eigenschaft trat bei keiner anderen Quappenart auf.

Stattdessen stießen die Quappen der Baumfrösche Smilisca paeota und Hyla rufitela einschließlich des für seine Sprungweite und Giftigkeit berühmten Raketenfrosches Colostethus nubicola erst beim Zerbeißen fies auf. Ihre Haut war aber okay.

Schmackhaftigkeitssieger wurde der außerordentlich unscheinbare Graubraune Baumfrosch Smilisca sordida, bei dem sowohl Haut als auch Schwanz und Körper überzeugen konnten. Verrückterweise belegte aber der zuvor als widerlich eingestufte Raketenfrosch Platz zwei, was auf Verzerrungen durch die kleine Stichprobe* hinweist.

»Wir wussten natürlich, dass Froschlurche schlecht schmeckende Entwicklungsstadien durchlaufen«, fasst Kollege Was-

Köstliche Kaulquappen 151

Die Kaulquappen der hier abgebildeten Aga-Kröte haben einen schlechten Hautgeschmack. (Foto: T. Eisenberg)

sersug zusammen. »Als man 1922 versuchsweise Eier der Erdkröte Bufo bufo in einen anderen Frosch einspritzte, starb dieser sogar. Umgekehrt bevorzugen oder missfallen aber allen Räubern die Eier verschiedener Vögel gleich stark.«

Die geschmackliche Gleichschaltung gilt nicht nur für Eier fressende Spinnen, Echsen und Fledermäuse, sondern auch für Igel, Ratten, Katzen, Frettchen und Menschen. Das heißt: Was dem Menschen schmeckt, schmeckt auch vielen anderen Räubern. Mit dem scheinbar doofen Kaulquappenexperiment lassen sich daher weit reichende Schlüsse über das Leben und die Verteidigungsstrategien von weichen, kleinen Wassertieren ermitteln. Im vorliegenden Fall zeigt sich beispielsweise, dass diejenigen Kaulquappen, die sich durch Tarnfärbung oder Verhaltenstricks gut schützen, recht schmackhaft sind. Diejenigen

Tiere hingegen, die durch ihre Farbe oder ihr Verhalten gut sichtbar sind und teils nicht einmal vor Feinden fliehen, schmecken besonders schlecht. Und damit sind wir wieder bei der Alltagserfahrung: Die kleinsten Skorpione (und Chefs) sind die giftigsten.

> **Ig-Gesamtnote**: Ein Experiment so schön und rund wie die hoffentlich glutrote Sonne über der abendlichen See vor Costa Rica: Glasklarer Ig-Nobelpreis für Biologie im Jahr 2000. Trotz 30-jähriger Preisverspätung reiste Zoologe Wassersug an und nahm in Harvard den Preis und unseren ehrlich gemeinten Applaus entgegen. Außerdem wurde er zum Mitherausgeber der AIR berufen. Ehre, wem Ehre gebührt.
>
> Richard Wassersug (1971), »On the Comparative Palatability of Some Dry-Season Tadpoles from Costa Rica«. In: *The American Midland Naturalist*, Nr. 86, S. 101–109.

GROSSE FÜSSE

Als der Stoffwechselforscher Jerald Bain von der Universität Toronto seine künftige Ehefrau kennen lernte, machte seine Schwiegermutter unerklärliche Bemerkungen über dessen Schuhgröße.

Bain hatte zwar tatsächlich etwas kleinere Füße als andere Männer seiner Körpergröße. Was daran aber so interessant sein sollte, leuchtete ihm erst nach einigen Tagen ein. Da erfuhr er, dass in der englischsprachigen Welt die Meinung vorherrscht, kleine Füße gingen mit einem kleinen Penis einher.

Ursache dieses Volksglaubens war eine wohl etwas gewagte, aber im Grunde nicht völlig abwegige logische Kette. So hatte der Mannheimer Hautarzt Heinrich Loeb im Zusammenhang mit der Untersuchung von Tripper (Gonorrhö) schon vor 100 Jahren Penislängen gemessen. Ihm ging es zwar nur darum, den Rauminhalt der Harnröhre zu bestimmen; dazu ermittelte er aber auch die Körper- und Penislängen seiner 50 Tripperpatienten. Rechnet man die von ihm angegebenen Daten heute nach, so ergibt sich eine schwache, aber immerhin vorhandene Beziehung zwischen Penislänge und Körpergröße.

Da nun gleichzeitig größere Menschen häufig größere Füße haben, kann man diese Beobachtungen miteinander koppeln und folgern: »Es stimmt zwar nicht immer, aber überdurchschnittlich oft haben Menschen mit großen Füßen auch einen längeren Penis«.

Nach einigen Monaten hatte Bain die schlüpfrigen Bemerkungen über seine kleinen Füße satt. Zusammen mit Kerry Siminoski, der an der Universität Alberta arbeitete, bat er 63 Freiwillige zum Penistest. Dazu zog Bain seinen Probanden am Penis, legte ein Lineal an und schrieb diesen Wert sowie deren Körper- und Schuhgröße auf.

Die statistische Auswertung ergab, dass der einzige erkennbare, wenngleich nicht sehr starke Zusammenhang zwischen Schuh- und Körpergröße bestand ($r = 0{,}66$ / Korrelations-Koeffizient*). Alle anderen vermuteten Verhältnisse soffen ab (r stets $< 0{,}3$). Es gab noch nicht einmal einen Zusammenhang zwischen Alter und Penislänge und eben auch nicht zwischen Penis- und Schuhgröße.

Stattdessen sorgte ein anderes Ergebnis für Beunruhigung. »Die von uns gemessenen Penislängen«, berichtet Bain, »sind kürzer als die des Kollegen Schonfeld. Er maß im Mittel 13,2 Zentimeter, während wir nur auf durchschnittlich 9,4 Zentimeter kamen. Das kann ich mir nur dadurch erklären, dass Schonfeld bei der Messung stärker an den Penissen gezogen hat.

Bei unserer Studie habe ich jedenfalls alle Messungen selbst und auf die immer gleiche Weise durchgeführt, sodass trotz des unterschiedlichen Peniszuges durch die Kollegen unsere Statistiken jeweils sauber sind.«

Kaum waren diese Ergebnisse veröffentlicht, als sie auch schon durch die Zeitungen rauschten. Zwei Forscher vom St. Mary's Hospital in London wunderten sich darüber und beschlossen im Jahr 2002, der Sache noch einmal Hand und Fuß zu geben. Ihrer Meinung nach hatten die Vorgänger nämlich stets kleine Fehler in den Experimenten gemacht. Entweder war die Fußlänge nicht wirklich gemessen, sondern bloß die Schuhgröße notiert worden. Da Schuhe aber größer und kleiner »ausfallen« können (Schuhladen-Soziolekt*), ist dieses Maß nicht präzise.

Der zweite Fehler ist ein wenig peinlich und entsteht dann, wenn die Streckung des erschlafften Penis so erfolgt, dass Blut in diesen schießen und sich damit die Länge verändern kann. Die Forscher Schonfeld und Beebe (1942) kamen beispielsweise auf eine mittlere Penislänge von 13,02 Zentimeter, Kollege Wessells et al. (1996) auf 12,45 Zentimeter, während Bondil et al. 1992 im französischen Chambery satte 16,74 Zentimeter maßen. »Bondils Arbeitsgruppe«, berichtet die urologische Forscherin Jyoti Shah aus London, »streckte die Penisse vor der Messung aber, indem sie dreimal an der Eichel zog.« Im Jahr 2002 trommelte Kollega Shah also noch einmal mehrere VP* zusammen, diesmal 104 Männer mit den Schuhgrößen 42 bis 48. Diese große Stichprobe, in der zudem alles von Hand »bis auf fünf Millimeter genau« (Shah) gemessen wurde, erlaubte nun eine solide Auswertung. Und siehe da: Es gab eindeutig keinen Zusammenhang zwischen Schuhgröße und Länge der erschlafften Penisse.

Dieses Ergebnis gilt auch für erigierte Glieder. Richard Ewans aus Kanada ließ dazu einige Jahre lang ein Messprojekt laufen, an dem sich über 3 000 Freiwillige beteiligten. Zwar führten diese die Messungen selbst durch, es scheint aber so, als ob die große Stichprobe hier eventuelle Übertreibungen herausgemittelt hätte.

Bauchgrimmen bereitet nach wie vor die uralte Frage, wie lang ein durchschnittlicher Penis denn nun ist. Kondomhersteller interessieren sich dafür nicht, denn außer bei Ewans geht es ja nicht um aufgerichtete, sondern erschlaffte Glieder. Von industrieller Seite erreichten uns daher bislang keine Zahlen.

Auch die von Bain und Shah angesprochene Gleichförmigkeit der Messmethode bleibt problematisch. Laien berichten oft nur von oberflächlich ermittelten Längen. Das führt aber zu uneinheitlichen Ergebnissen, denn korrekt gemessen wird ab der Schambeinfuge, die man zuvor ertasten muss. Es hat daher auch wenig Sinn, alte Forschungsfotos von Menschen zu verwenden. Selbst wenn sie der Kamera zugewandt sind, ist dabei nur die gekrümmte Außenseite des ruhenden Penis zu sehen.

Für die Messungen problematisch ist auch, dass es nur wenige Regionen der Welt gibt, in denen Menschen regelmäßig beschnitten sind (im Westen besonders in den USA und in Israel). Beschnittene Penisse würden die fotografische Auswertung zumindest erleichtern, weil bis zur Penisspitze gemessen werden muss. Wenn diese aber durch eine Vorhaut verdeckt ist, treten alle möglichen Messfehler auf. »Um beispielsweise den Einfluss der Temperatur zu mindern«, berichtet Kollegin Shah, »nahmen wir die Messungen sofort nach dem Ausziehen der VP vor.« Gemeint ist damit, dass es im Krankenhaus kühl war, was die Penisse der Probanden schrumpfen ließ.

Wegen all dieser Hindernisse wird es wahrscheinlich nie gelingen, die echten Längen von erschlafften Penissen zu ermitteln. Die einzige Möglichkeit wäre, ein Gerät zu bauen, das ruhende Glieder mit einheitlicher Zugstärke streckt. Bislang gibt es dazu aber noch keine Vorschläge. Wer allerdings eine gute Idee dafür hat, könnte Ruhm erlangen. Immerhin scheint die Penislängen-Vorhersage auch in diesem Jahrtausend noch rätselhaft und wichtig zu sein.

> **Ig-Gesamtnote**: Die meisten Leserinnen hätte statt der Längenmessungen wohl eher der Zusammenhang zwischen Schuhgröße und Penisdurchmesser interessiert. Da ich kein Spielverderber bin, habe ich mich bei der entscheidenden Ig-Komiteesitzung aber fein zurückgehalten. Das Ende vom

Lied: Kollege Bain ist seit 1998 stolzer Ig-Nobelpreisträger, und seine Schwiegermutter schweigt für immer.

Heinrich Loeb (1899), »Harnröhrencapacität und Tripperspritzen«. In: *Münchener Medizinische Wochenschrift*, Nr. 46, S. 1016–1019.

Kerry Siminoski / Jerald Bain (1993), »The relationships among height, penile length, and foot size«. In: *Annals of Sex Research*, Nr. 6, S. 231–235.

Jyoti Shah / N. Christopher (2002), »Can shoe size predict penile length?« In: ***BJU** (British Journal of Urology) International*, Nr. 90, S. 586 f.

KREISCHENDE KREIDEN

Schon die Vorstellung von quietschender Kreide – oder noch schlimmer von Fingernägeln auf einer Schultafel – treibt die Lippen in den Mund und verzerrt das übrige Gesicht. Was passiert da erst, wenn man 16 verschiedene Töne erzeugt und sie Versuchspersonen vorspielt?

An der Universität Illinois taten sich zwei Neurowissenschaftler und ein Kommunikationsforscher zusammen und nahmen mit einem guten Mikrofon allerlei entsetzliche und erbauliche Geräusche auf. Dann wurde deren Abspieldauer auf drei Sekunden begrenzt und die Lautstärke auf ein einheitliches Maß gebracht.

Hier die von den 24 Probanden erstellte Hitliste (von angenehm nach unangenehm):

Glocke
drehendes Rad eines Fahrrades
fließendes Wasser
Schlüsselbund
einzelne Note
Spitzer
geschüttelte Metallsplitter
Fernsehrauschen
Druckluft
Mixer
verschobener Gartenstuhl

Metallschublade
Holz auf Holz
Metall auf Metall
Styropor auf Styropor
kreischende Kreide auf Tafel.

Damit war bewiesen: Nichts ist schrecklicher als eine kreischende Tafel. »Nun interessierte uns natürlich, welche Anteile des Tafelgeräusches so unangenehm sind«, berichten die Forscher. »Daher digitalisierten wir das Signal und schnitten mit einem Filter Anteile davon heraus. Dazu verwendeten wir elf verschiedene Einstellungen, die unsere Geräusche zwischen Grenzwerten von zwei bis acht Kilohertz nach oben oder unten hin abschnitten.«

Je zwölf VP* mussten sich dieses schrecklich zersplitterte Schaben nun in Zufallsreihenfolge anhören. Die Autoren staunten. Auch wenn man die hohen Geräuschanteile herausfilterte, empfanden die Hörer das Kratzen immer noch als ebenso fies wie vorher. »Entgegen unserer Vermutung sind es nicht die hohen Geräuschanteile, die das Tafelkreischen unangenehm machen«, erklären sie.

Da das aber dem gesunden Menschenverstand zuwiderläuft, bohrte das Team weiter. Als Nächstes prüfte es, ob vielleicht die wahrgenommene Lautstärke der verschieden beschnittenen Geräusche die Schreckenswirkung entfaltete. Ähnlich wie das »Biowetter« die empfundene und nicht die wahre Außentemperatur angibt, wäre es ja möglich gewesen, dass manche der Tonmischungen lauter und daher erschreckender wirkten als andere, obwohl deren Lautstärke rechnerisch gleich blieb.

Zwölf frische VP mussten daher die Geräusche anhören, sich dabei aber nur auf die Lautstärke konzentrieren. In einem Vortest gaben die Hörer eine Schalldruckabnahme um etwa 40 bis 50 Prozent an, wenn man 10dB vom Geräusch wegnahm. Damit war gezeigt, dass die Ohren und Hörzentren der VP in Ordnung waren. Nun wurden ihnen die echten Testgeräusche vorgespielt. Auch hier schwankte die empfundene Lautstärke nur um etwa zehn Prozent. Weil das eine derart geringe Abweichung ist, ließ sich ausschließen, dass es bloß der Krachdruck war, der das Entsetzen auslöste.

Die Kollegen Halpern, Blake und Hillenbrand waren immer noch nicht zufrieden. Weder die Lautstärke noch die Höhen (und auch nicht die Tiefen) waren für den weltweiten Wunsch verantwortlich, Schultafeln auszurotten. »Wir untersuchten nun die zeitliche Feinauflösung des Geräusches«, schreiben sie in ihrem Bericht. »Dazu entfernten wir Teile der Schwankungen im Geräuschpegel oder überhöhten einige Töne.

Beispielsweise demodulierten wir das originale Kratzen, indem wir die Ausschläge des Geräusches komplett umkehrten und hinterher mit dem Ursprungssignal verrechneten. Oder wir nahmen Krachspitzen und zählten sie im Rechner so zusammen, dass sie sich verstärkten.« Doch es war wie verhext.

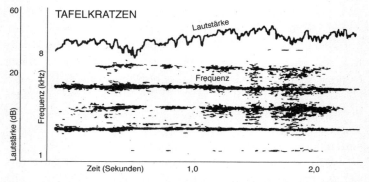

So sieht es im Detail aus, das nervenzerfetzendste aller Geräusche: Tafelkreischen. Nach Halpern, Blake & Hillenbrand (1986).

Erneut jagten nur das echte Kratzen und dessen demodulierte Signale den Probanden Schauer in die Knochen. »Der Frequenzinhalt«, seufzen die Autoren, »ist offenbar wichtiger für die unangenehmen Folgen des Tafelkratzens als die von uns veränderten Eigenschaften des Geräusches. Vielleicht sind es tiefe Frequenzen, die das Geräusch so scheußlich machen. Durch Abschneiden von Höhen und Tiefen oder durch Veränderungen des Geräusches lässt sich jedenfalls nicht klären, was genau der Kern des Kreidekreischens ist.«

Offen bleibt, ob der höllische Sound uns ganz tief im Hirn an Warnschreie erinnert, die früher unser Leben retten konnten. »Die tonale Feinauflösung des Tafelkratzens erinnert beispielsweise stark an Rufe von japanischen Makaken (Affen), wenn sie bedroht werden«, meinen die Forscher. »Es könnte auch sein, dass das Geräusch uns an irgendeinen Ruf eines früher häufigen tierischen Angreifers erinnert.

Wie dem auch sei, bis heute reagieren wir sehr stark auf das eiskalte Geräusch.«

Ig-Gesamtnote: Die Kollegen haben es wirklich versucht. Dass sie auch mitteilen, was nichts gebracht hat, ist eine wissenschaftliche Ausnahme und daher umso schicker. Was den Damen und Herren des Ig-Nobelpreiskomitees an dieser duften Arbeit nicht geschmeckt hat, weiß ich nicht. Vielleicht war schon der Gedanke an die vorhersehbare Kratzvorführung bei der Preisverleihung zu Furcht erregend.

Lynn Halpern / Randolph Blake / James Hillenbrand (1986), »Psychacoustics of a chilling sound«. In: *Perception & Psychophysics*, Nr. 39, S. 77–80.

SPÄTER STERBEN SPART STEUERN

Sterbende können dem Sensenmann eine Zeit lang entkommen, wenn sie nur wollen. Man kennt das von Verwandten, die nur darauf gewartet zu haben scheinen, ihre entfernt lebende Tochter oder den Sohn noch ein letztes Mal zu sehen. Erst dann scheiden sie dahin. Es ist auch wahr, dass in der ersten Woche des Jahres 2000 50,8 Prozent mehr Menschen starben als in der Woche zuvor. Diese Verzerrung entstand ganz offensichtlich, weil die Kranken noch den angeblichen »Y2K-Millenniums-Bug« oder das ebenso angeblich neue Jahrtausend abwarten wollten.

Ähnliches gilt für jüdische Menschen, die erst nach dem Pessach-Fest sterben, und zwar besonders dann, wenn es auf ein Wochenende fällt. Dann können besonders viele Verwandte mitfeiern – ein weiterer Grund, erst später zu sterben. Chinesen sterben zu 35,1 Prozent seltener vor Dim Sum, der gefeierten Nacht des Hellsten Mondes, und sterbende Moslems in Israel überleben gehäuft den Ramadan.

Doch zumindest den älteren Personen geht es offenbar nicht nur darum, die liebe Verwandtschaft zu sehen, sondern auch, dem Finanzamt ein letztes Schnippchen zu schlagen. »Ökonomen wissen, dass privat und finanziell einschneidende Ereignisse wie Geburt und Hochzeit genau geplant werden«, erklären die Wirtschaftswissenschaftler Kopczuk und Slemrod. »Warum sollte das nicht auch für einen günstigen Zeitpunkt des eigenen Todes gelten?«

Um diese Annahme zu prüfen, besorgten sich die beiden Forscher bei der US-Bundesfinanzverwaltung Steuerlisten ab dem Jahr 1917. Sie schworen, die darin enthaltenen persönlichen Daten nicht anzutasten, und konzentrierten sich auf Jahre, in denen es starke Finanzveränderungen gab.

Tatsächlich: Wenn eine Steuersenkung anstand, die der Vererbende aus steuergünstigen Gründen erleben musste, entstand ein schwacher, aber hübscher Effekt. Bei einem Steuervorteil von 1 000 Dollar für die Erben lebte der Sterbende mit einer Wahrscheinlichkeit von 1,6 Prozent noch so lange, bis die Ersparnis in Kraft trat. Wurden die Steuern hingegen erhöht, so starb der Gönner mit einer um ein Prozent erhöhten Wahrscheinlichkeit vor diesem üblen Stichtag. In beiden Fällen waren die Erben die Gewinner.

»Zwar ist der Einfluss der Steuern auf den Todeszeitpunkt nicht atemberaubend«, meinen die Autoren, »aber dass es überhaupt einen Effekt gibt, zeigt, dass Steuern nicht nur das Hochzeitsdatum beeinflussen, sondern auch etwas, das man normalerweise nicht mit Steuerersparnissen in Einklang bringt.«

Es gibt allerdings noch eine andere Erklärung dafür, warum der Tod sich anscheinend stets in Richtung niedriger Steuern schleicht. »Wir können natürlich nicht ausschließen, dass die Verwandten das Datum des Todes zu ihren Gunsten fälschen«, räumen Kopczuk und Slemrod ein. »Aber selbst wenn das so wäre, würde es immer noch zeigen, dass Steuergesetze die Menschen dazu bringen, ihre Einnahmequellen zu schützen.« Und das auch, wenn es sich dabei um Menschen handelt.

Ig-Gesamtnote: Der Tod ist ein Dandy, der nicht nur durch Glaube, Liebe und Neugier ins Schlittern kommt, sondern auch durch den von ihm gefürchteten Geiz. Der pragmatisch-kapitalistische Ig-Nobelpreis für Wirtschaft adelte diese ermutigende Erkenntnis im Jahr 2001.

> Wojciech Kopczuk / Joel Slemrod (2003), »Dying to Save Taxes: Evidence from Estate Tax Returns on the Death Elasticity«. In: *Review of Economics and Statistics*, Nr. 85, S. 256 – 265. (Vorabversionen der Untersuchung lagen dem Ig-Nobelpreiskomitee schon im März 2001 vor, sodass wir den Preis vorab verleihen konnten.)

DIE MENGE MACHT'S

Obwohl es sich düster anhört – finden Sie es nicht doch merkwürdig, dass todkranke Menschen ihren Sterbezeitpunkt mitbestimmen können? Skeptikern war schon länger aufgefallen, dass die Anzahl der beobachteten Verstorbenen entweder recht gering oder die Sterbeverschiebungen sehr klein waren (so genannte »schwache Effekte«). Manche Berichte stammen leider auch aus Ländern, in denen es eine schwere Beleidigung der Kollegen wäre, ihre Originaldaten überprüfen zu wollen, sodass wir davon absehen mussten.

Da der Glaube, dass Menschen ihren Tod verzögern können, auch unter der angloamerikanischen Ärzteschaft weit verbreitet ist, geben sogar sie bei einer Befragung schlechte Zeugen ab. Also taten Donn Young und Erinn Hade aus Ohio das einzig Mögliche. Sie befragten niemanden, sondern filterten im Jahr 2004 die reinen Sterbedaten einer sehr großen Anzahl von Patienten aus dem gut organisierten Sterberegister Ohios heraus.

»Insgesamt haben wir die Todestage von über 309 000 Krebspatienten aus den Jahren 1989 bis 2000 untersucht. Bei einer so großen Patientenzahl hätten wir selbst kleinere Häufungen von Sterbetagen erkannt«, sagt Donn Young. »Allerdings gab es keine.«

Weder um Weihnachten, den Geburtstag der Kranken oder das in den USA wichtige Familienfest Thanksgiving herum starben mehr oder weniger Menschen als am Tag zuvor. »Der Tod kennt die Daten der Feiertage offenbar doch nicht«, vermutet Young.

Auch wenn man die Beziehungen zwischen Feier- und Todestagen aufspaltete, ergab sich nichts anderes, als dass die eine Hälfte der Menschen am Feiertag und die andere danach starb. Einzige Ausnahme waren aus Afrika stammende Menschen, die in der Woche vor Thanksgiving etwas häufiger starben ($p^* = 0{,}01$). Frauen starben überdies häufiger vor ihrem Geburtstag ($p = 0{,}05$). Wenn überhaupt, dann sterben manche Menschen gehäuft vor Feiertagen an Krebs. Dieser Effekt wird aber wieder dadurch ausgeglichen, dass zu Weihnachten – pünktlich am Tag des Festes – die meisten Herztode eintreten.

Kaum waren diese ernüchternden Studien Ende 2004 veröffentlicht, hagelte es auch schon Beschwerden. »Die Leute fragten mich, ob ich ihnen, wie der Grinch, Weihnachten vermiesen wolle«, berichtet Biostatistiker Young. »So miesepetrisch sehe ich das aber nicht. Man sollte Sterbende bloß nicht zwingen, bis zum kommenden Feiertag durchzuhalten, nur weil das mit etwas Disziplin angeblich geht. Der Tod richtet sich weder nach dem elektronischen noch sonst irgendeinem Tagesplaner. Wenn es in der Familie etwas zu klären gibt, soll man es eben sofort tun. Sterbende müssen wissen, dass sie geliebt werden. Und das sagt man ihnen am besten, bevor es zu spät ist.«

Donn Young / Erinn Hade, MS (2004), »Holidays, Birthdays, and Postponement of Cancer Death«. In: *Journal of the American Medical Association*, Nr. 292, S. 3012–3016.

David Phillips / Jason Jarvinen / Ian Abramson / Rosalie Phillips (2004), »The Holidays as a Risk Factor for Death: Cardiac Mortality Is Higher Around Christmas and New Year's Than at Any Other Time«. In: *Circulation*, Nr. 110, S. 3781–3788.

JOHN TRINKAUS UND DER WEIHNACHTSMANN

Anders als den Weihnachtsmann gibt es John Trinkaus wirklich – auch wenn Sie es, besonders als Forscher, gleich nicht mehr glauben werden. Trinkaus arbeitete früher an der St. John's University und war später am City College der Stadt New York angestellt. Genauer gesagt arbeitete er an der Zicklin School of Business: Das ist die größte Ausbildungsstätte für Wirtschaftswissenschaften in den USA.

Heute weilt der 80-jährige Emeritus* zusammen mit 9522 Einwohnern im Städtchen New Hyde Park und forscht dort hin und wieder weiter.

Trinkaus war die härteste Nuss, die wir je zu knacken hatten. Wir glaubten zuerst, dass er den Wissenschaften schelmenartig schlicht einen Spiegel vorhält. Nun wären wir die Letzten, die das verurteilen würden. Doch warum hatte trotz seines 35-jährigen Forschens niemand die Trinkaus'schen Scherze wahrgenommen? Und warum war er nicht längst Mitherausgeber der *Annals of Improbable Research*?

Je mehr Papers* wir uns besorgten, desto mulmiger wurde uns. Trinkaus trieb keinen Schabernack, sondern meinte es ernst. Jahrzehntelang hatte er Menschen beobachtet oder befragt, wie sie ihre Aktentaschen öffnen, Baseball-Kappen tragen, ihre Universitätskurse bewerten und wie ihnen Rosenkohl schmeckt.

Trinkaus' Papers sind stets kurz und enthalten, wie es sich für sachbezogene Ermittlungen gehört, wenig gesellschaftliche

Überlegungen, sondern vor allem die puren Zahlen. Allerdings beschreibt der Autor stets menschliche Verhaltensweisen – und die weisen auch ohne Bewertung über sich hinaus.

Einige Beispiele gefällig?

1997 begab sich Trinkaus »wochentags zwischen neun und vier, wenn das Wetter erträglich war«, in einen örtlichen Supermarkt. Dort beobachtete er, was die neu eingetroffenen Kunden mit dem Abfall anstellten, der sich noch im Einkaufswagen befand. Ergebnis: 69 Prozent warfen den Müll einfach in einen anderen Einkaufswagen. Die restlichen 31 Prozent warfen die Plaste und Papierchen entweder auf den Bürgersteig (26 Prozent) oder ausnahmsweise auch in den Müll- oder Recycling-Eimer.

»Viele Menschen«, meint Trinkaus dazu, »sprechen über Selbstlosigkeit und dass man sich gegenüber anderen so benehmen soll, wie man auch selbst behandelt werden möchte. Die Frage ist natürlich, wie viel davon nur Gerede ist.

Es fängt damit an, dass der Erste seinen Müll im Einkaufswagen liegen lässt und genau weiß, dass der Nächste sich irgendwie darum kümmern muss. Doch dieser Nächste wirft den Müll wiederum in einen Einkaufswagen anstatt in den Abfall.

Ich beobachte solche alltäglichen Verhaltensweisen, um das Gefüge unserer Gesellschaft sachlich zu beschreiben.«

So kommt es, dass der Forscher es auch auf andere eigentümliche Verhalten abgesehen hat, die bis heute nicht richtig verstanden werden. Dazu zählt auch der Aberglaube. Trinkaus besorgte sich beispielsweise 881 Autounfallberichte und setzte sie mit den Biorhythmen der Fahrer in Beziehung. Natürlich gab es keine Zusammenhänge.

In dieselbe Richtung zielte die Befragung von 435 College-Neulingen in New York im Jahr 1990. Zu dieser Zeit hatte Aids in New York in voller Wucht Einzug gehalten, und man hätte meinen sollen, dass die ständigen Aufklärungs- und Informationsaktionen auch den letzten Menschen erreicht hatten. Doch das war nicht der Fall. Auf die Frage, ob sie Kekse essen würden, die ein Mensch gebacken hätte, bei dem HI-Viren (HIV) nachgewiesen worden wären, antwortete nur ein Drittel mit ja. Das war allerdings immer noch besser als eine 1989 durchgeführte Studie. Dort sollten 45 Ärzte mitteilen, ob sie Schokoplätzchen essen würden, die ihnen ein für die gute Behandlung bei der Untersuchung dankbarer HIV-Patient gesendet hätte. Nur 23 Prozent der Befragten konnten sich den Verzehr des Naschwerks vorstellen.

Während man in Sachen HIV zugunsten der Befragten noch maßlos übertriebene, wenngleich sinnlose Vorsicht annehmen könnte, scheint es sich in einem anderen Fall um pure Faulheit zu handeln. Acht Semester lang untersuchte Trinkaus die in den USA zwar gut gemeinten, aber wegen ihrer allgegenwärtigen Verbreitung schon wieder lästigen Bewertungsbögen. In den von ihm ausgewählten Bögen sollten die Schüler angeben, wie ihnen ihre Kurse gefallen hatten und was es zu verbessern gäbe. Jeweils etwa zehn Prozent der Befragten gaben an, dass angekündigte Kurse ausgefallen seien. Das stimmte aber nicht. Die Kurse hatten stattgefunden. Fraglich blieb, ob die Schüler nicht bei den angeblich ausgefallenen Veranstaltungen waren, aus Langeweile oder anderen Gründen logen oder sich einfach nicht erinnern konnten.

Auch Sprachgewohnheiten interessieren Trinkaus. 1997 fand der alternde Forscher heraus, dass von 419 zustimmend beantworteten Fragen, die er im Fernsehen auf allen möglichen US-Kanälen beobachtet hatte, 249-mal mit »absolutely« und 117-mal mit »exactly« geantwortet wurde. Das eigentlich ausreichende »yes« verwendeten die Befragten hingegen nur 53-mal.

Es scheint, als brächte Trinkaus durch die Auswahl seiner Themen durchaus Verwunderung über unsere Welt zum Ausdruck. So fanden auch die in den USA häufig getragenen Baseball-Kappen ihren Weg in die moderne Forschungsliteratur. Der ewige Beobachter notierte, wie herum n* = 407 Menschen, die er auf verschiedenen Colleges antraf, ihre Hauben trugen. Lag der Campus* in der Innenstadt, dann drehten 40 Prozent die Kappe mit dem Schirm nach hinten. Wenn der Campus aber außerstädtisch lag, trugen nur zehn Prozent die Kappe verkehrt herum.

Schon zwei Jahre später, im Jahr 1995, wendeten sich das Blatt und die Kappen. In einer ebenfalls veröffentlichten Nachuntersuchung mit 1637 Twens konnte Trinkaus zusammen mit einer Kollegin zeigen, dass auf einmal die uncoolen Kids in den äußeren Stadtbereichen häufiger die Kappen drehten (27 Prozent). Sie hatten diese Mode also aufgegriffen und meinten, dadurch nun auch angesagt zu sein. Die Innenstadt-Kids hatten die Mode derweil aber schon wieder abgelegt und waren zum üblichen Schirm-nach-vorn-Look zurückgekehrt. Nur 17 Prozent der den Trend bestimmenden Innenstadt-Kids trugen die Kappen noch gedreht.

In eine ähnliche Richtung zielte Trinkaus' Untersuchung von Aktenkoffern. Es war in den 1980er- und frühen 1990er-Jahren große Mode, solche Köfferchen in allen Größen mit sich herumzutragen. Auch Schüler benutzten sie gern. Von 1987 bis 1999 beobachtete Trinkaus 1483-mal, ob ein auf beiden Seiten gleich aussehender Koffer richtig oder verkehrt herum geöffnet wurde. Heraus kam, dass die Menschen in dieser großen Stichprobe* den Koffer nur in 48,1 Prozent der Fälle falsch herum öffneten. Das ist zwar für den Träger, dem die Stifte und Blätter dann durcheinander fallen, ärgerlich, aber rechnerisch kein Unterschied zu den 51,9 Prozent der Öffnungen, die richtig herum abliefen ($p^* > 0{,}05$). Damit ist nebenbei das »Murphy«-Gesetz widerlegt, das besagt, dass der Koffer garantiert falsch herum aufgeht, egal, ob man ihn vorher gedreht hat oder nicht. »Man könnte das Design vielleicht noch um einen Tick verbessern«, stellt Trinkaus fest, »indem die Hersteller eine Markierung anbringen, an der man erkennen kann, wo oben ist. Das hört sich vielleicht nebensächlich an, aber es könnte den Trägern viel Stress ersparen, der sich bislang über den Tag hinweg mehrfach unnötig aufbaut.«

Die Köfferchen ließen Trinkaus auch im kommenden Jahr nicht ruhen. Er führte nun seine schon 1987 begonnenen Forschungen über dreistellige Zahlenschlösschen fort, die in jeden Attaché-Koffer eingebaut sind. Bis 1990 hatte er insgesamt 100 Personen nach ihren Schließgewohnheiten befragt. 73 Prozent – hier also 73 Personen – hatten die Kombination »Null – Null – Null« eingestellt. Nach den Gründen befragt, gaben sie an, dass

- im Koffer nichts Wichtiges enthalten sei,
- diese Kombination am einfachsten zu merken ist,
- man ohne Kenntnisse nicht am Koffer herumbasteln wolle,
- es zu zeitaufwändig sei, die Kombination zu ändern,
- oder man die Anleitung verlegt habe.

»Die Schlösschen«, erklärt der Autor, »werden von vielen Besitzern der Attaché-Koffer nicht als wichtig wahrgenommen. Angesichts von Stahltüren, Handfeuerwaffen und anderen Mitteln, wie man Menschen bedrohen oder seine Unterlagen schützen kann, schrecken die Kofferschlösschen nur wenig bis überhaupt nicht ab. Allerdings hat das keiner der 100 Befragten so gesagt. Vielleicht waren ihre Gründe ja nur Ausreden für in Wirklichkeit ganz andere Gründe, die Schlosskombination auf ›Null – Null – Null‹ zu belassen.«

Im Gegensatz zu diesen zwar wahren, aber dennoch abenteuerlichen Beobachtungen behandeln die beiden ersten Veröffentlichungen von Trinkaus noch Themen, die in den USA als unspleenig gelten. Eine davon drehte sich um die Tatsache, dass viele US-Amerikaner nicht in einer Jury bei Gericht mitarbeiten wollen (1978). Das hat unter anderem zur Folge, dass die Jurys oft mit Menschen besetzt sind, die nur eine geringe Schulbildung haben. Menschen mit längerer Ausbildung drücken sich gern und erfolgreicher vor dem *Jury Duty*.

Mangels auch nur winziger rechtlicher oder sachlicher Kenntnisse entscheiden die ungebildeteren Jurys eher »aus dem Bauch heraus«. Andere Untersuchungen zeigen sogar, dass sie einer schon vorab gefassten Meinung folgen: Der Ablauf der Gerichtsverhandlung ist ihnen egal (Details dazu in Mark Benecke, *Mordmethoden*, Bergisch Gladbach 2002). Trinkaus erkannte, dass es zwei klar getrennte Gruppen von US-Amerikanern gibt: Solche, die in Jurys arbeiten möchten, und solche, die es nicht möchten.

»Im Grunde bin ich Ethnologe«, sagt der Forscher. »Wenn die Leute über irgendein Verhalten sagen: ›Kenn ich, das kommt vor‹, frage ich mich immer, wie oft? Ich gehe dann hin und zähle. Am liebsten in Supermärkten und Warenhäusern.«

Dort vollbrachte Trinkaus auch seine reifste Leistung. Wir baten ihn, zur Krönung seiner Karriere ein Verhalten zu messen, das auch Zweiflern seine Methode verständlich macht. Er willigte ein und beobachtete zu Weihnachten 2003 exklusiv für die *Annals of Improbable Research* in drei großen Kaufhäusern Kinder. Sie wurden, wie in den USA üblich, von ihren Eltern auf den Schoß der dort arbeitenden, als Weihnachtsmänner verkleideten Aushilfen gesetzt.

Um die Gesichter der Kleinen gut zu erkennen, suchte sich Trinkaus ein Plätzchen gleich in die Nähe der verkleideten Figuren. Mittels einer Strichliste notierte er, wie die dem falschen Santa Claus zugeführten Kinder wirkten: Glücklich – fröhlich – gleichgültig – zögerlich – betrübt – erschrocken.

Die Ergebnisse waren entzaubernd. Nur ein einziges von 300 Kindern wurde angesichts des pelzigen Mannes glücklich und lächelte ihn an. Dem Großteil der Kinder war der Weihnachtsmann wurscht (82 Prozent). Sie zeigten keine erkennbaren Regungen. Weitere 16 Prozent wussten nicht, was das Ganze sollte; diese Kinder fremdelten und gaben nur zögerlich Antwort darauf, was sie sich zum Fest wohl wünschen würden.

Drei der 300 Kinder wurden so verschreckt, dass sie dem Weihnachtsmann wieder entrissen werden mussten.

Diese unschönen Ereignisse wiederholten sich am zweiten Untersuchungstag. »Die Einzigen, denen die Sache Spaß machte, waren die Eltern«, berichtet Trinkaus. »Sie waren aufgedreht, kämmten den Kindern die Haare, zupften deren Kleidung zurecht und so weiter.

Den Kindern selbst war das Ganze fast immer egal. Ich hatte den Eindruck, dass sie nur hingingen, um ihren Eltern einen Gefallen zu tun. Der Weihnachtsmann ist ein Held von gestern. Er ist passé.«

Das konnte ein Teil der US-Bevölkerung natürlich nicht auf sich sitzen lassen. Während die weltoffene *New York Times* einen augenzwinkernden Artikel veröffentlichte, wehrte sich die *Deseret Morning News* aus dem kleinkarierteren Salt Lake City in Utah und entgegnete, dass die Kinder dort ihren Santa lieben und Trinkaus bloß ein – Zitat – »miesepetrischer Forscher« sei.

Ig-Gesamtnote: Mich beeindruckt die meist sehr hohe Anzahl an Beobachtungen sowie die Tatsache, dass Trinkaus immer dann nach Aids, Baseball-Kappen und dem Santa Claus fragt, wenn das untersuchte Verhalten oder Denken gerade wichtig, auffällig oder in Veränderung begriffen ist.

Wie der Forscher es allerdings schaffte, seine Beobachtungen ein Drittel Jahrhundert lang in nur zwei Journals zu veröffentlichen, wissen wir nicht. Umso besser: Trinkaus erhielt im Jahr 2003 den Ig-Nobelpreis für Literatur. Der Forscher nahm die Ehrung persönlich entgegen.

Eine kleine Auswahl der über 80 Papers, die Trinkaus bis heute veröffentlichte:

John Trinkaus (1978), »Jury Service: An Informal Look«. In: *Psychological Reports*, Nr. 43, S. 788.

John Trinkaus (1979), »Workers' Arrivals and Departures: An Informal Look«. In: *Psychological Reports*, Nr. 44, S. 554.

John Trinkaus / A. Brooke (1982), »Biorhythms: Another Look«. In: *Psychological Reports*, Nr. 50, S. 396 ff.

John Trinkaus (1982), »Carrying Document Cases: An Informal Look«. In: *Psychological Reports*, Nr. 51, S. 430.

John Trinkaus (1983), »Stop-Light Compliance – An Informal Look«. In: *Perceptual and Motor Skills*, Nr. 57, S. 846.

John Trinkaus (1984), »Stop-Light Compliance: Another Look«. In: *Perceptual and Motor Skills*, Nr. 59, S. 814.

John Trinkaus (1985), »Stop-light Compliance by Cyclists: An Informal Look«. In: *Perceptual and Motor Skills*, Nr. 61, S. 814.

John Trinkaus (1988), »Stop-light Compliance by Cyclists: Another Look«. In: *Perceptual and Motor Skills*, Nr. 66, S. 158.

John Trinkaus (1989), »Opening an Attaché Case: An Informal Look«. In: *Perceptual and Motor Skills*, Nr. 69, S. 618.

John Trinkaus / Mun-Bing Chow (1990), »Misgivings About AIDS Transmission. An Informal Look«. In: *Psychological Reports*, Nr. 66, S. 810.

John Trinkaus (1991), »The Attaché Case Combination Lock. An Informal Look«. In: *Perceptual and Motor Skills*, Nr. 72, S. 466.

John Trinkaus (1991), »Taste Preference For Brussels Sprouts. An Informal Look«. In: *Psychological Reports*, Nr. 69, S. 1165 f.

John Trinkaus (1994), »Wearing Baseball-Type Caps. An Informal Look«. In: *Psychological Reports*, Nr. 74, S. 585 f.

John Trinkaus / Maria Divino (1996), »Wearing Baseball-Type Caps. Another Look«. In: *Perceptual and Motor Skills*, Nr. 82, S. 754.

John Trinkaus (1997), »The demise of ›yes‹. An informal look«. In: *Perceptual and Motor Skills*, Nr. 84, S. 866.

John Trinkaus / Maria Divino (1997), »Delays in Clearing the Self-Service Store Check-Out Counter. An Informal Look«. In: *Psychological Reports*, Nr. 80, S. 508 ff.

John Trinkaus (2002), »Students' Course and Faculty Evaluations. An Informal Look«. In: *Psychological Reports*, Nr. 91, S. 988.

Ferner:

Alice Shirell Kaswell (2003), »Modern Kids Don't Smile When They Visit Santa. Santa Researcher Makes List, Checks It Twice«. In: *Annals of Improbable Research News*, 8.12.2003 (nur online)

MURPHYS GESETZ

Jeder kennt Murphys Gesetz; es existiert in zahlreichen Ausprägungen. In deutschsprachigen Ländern lautet die Regel meist: »Wenn ein Toast fällt, dann fällt er auf die gebutterte Seite.« Bei Biologen, Chemikern und anderen Menschen, die jeden Tag Versuche, ähm, versuchen, ist eine etwas verallgemeinerte und brutalere Version beliebt: »Was schief gehen kann, geht schief.«

Was bis zum Jahr 2003 nur eine Hand voll Leute wusste: Es gab tatsächlich einen Herrn Murphy, und seine Regel stammt tatsächlich aus den experimentellen Wissenschaften. Genauer gesagt, wurde Murphys Gesetz von einem Haufen verrückter Ingenieure erschaffen, die in der Wüste mit einer riesigen Raketenrutschbahn Abstürze von Militärmaschinen nachstellten.

Diese Story wäre im Dunkel der Großstadtlegenden und Redewendungen untergegangen, wenn nicht der an Flughistorie interessierte Journalist Nick Spark im Jahr 2002 einen Artikel über das in den USA berühmte Luftwaffengelände »Edwards« geschrieben hätte. Obwohl die Gegend laut Landkarte eigentlich »Das Tal der Antilopen« heißt, finden sich auf Edwards weder Antilopen noch Täler, sondern kilometerweite, platte, ausgetrocknete Seeflächen. Wasser gibt es nirgends. Unter solchen Außenbedingungen lässt es sich wunderbar starten, landen und tüfteln (für Flieger: 34°55'18" N, 117°55'59" W). Viele Spaceshuttles wurden dort getestet und landeten nach »echten« Missionen auch auf dem Gelände.

Nachdem der militärgeschichtliche Artikel von Nick Spark in einer Fliegerzeitung erschienen war, wäre es das beinahe auch schon gewesen. Wenn, ja wenn der Autor das Heft nicht seinem Nachbarn in den Briefkasten geworfen hätte. Der Nachbar meldete sich umgehend und bedrängte Spark aufgeregt, mit seinem Vater zu sprechen. »Er hat auf Edwards gearbeitet«, berichtete der Nachbar. »Damals wurden auf einer riesigen Rutsche Beschleunigungstests durchgeführt. Übrigens kannte mein Vater auch Murphy. Genau: den, nach dem Murphys Gesetz benannt ist.«

Spark glaubte ihm kein Wort. »Ich habe es ihm nicht gesagt, aber genauso gut hätte er behaupten können, er hätte den Osterhasen getroffen. Schon der Name ›Murphy‹ hörte sich für mich eher nach einer irischen Sage aus dem 17. Jahrhundert an. Und der Vater meines Nachbarn wollte diesen Murphy kennen? Klar, sagte ich mir, ganz bestimmt.«

Der Nachbar hatte trotz Sparks höflicher Floskeln bemerkt, dass man ihm nicht glaubte. Darum legte er dem Journalisten am nächsten Tag eine der Buchausgaben mit Murphys Gesetz und anderen lustigen Regeln vor die Tür. Im Vorwort berichtete nun tatsächlich ein Ingenieur aus Edwards, dass die Schiefgeh-Regel dort in den 1940er-Jahren entstanden sei. »Murphys Gesetz wurde geboren«, schrieb Ingenieur George Nichols, »als Captain Ed Murphy einige Tage als Entwicklungsingenieur in unserer Einheit arbeitete. Es ging dabei um ein neues Gerät, das wir zur Kraftmessung benötigten. Der Techniker hatte die Kabel aber so verdrahtet, dass die Messwerte zwar im ersten Schritt richtig aufgezeichnet wurden. Im zweiten Schritt meldeten sie wegen einer Vertauschung der Anschlüsse aber wieder genau Null. Von außen war das nicht zu erkennen. Ed Murphy, der das Gerät mitgebracht hatte, meinte über seinen Techniker: ›Wenn man es irgendwie falsch machen kann, dann macht er es falsch.‹ Ich habe diese Regel aufgegriffen und verallgemeinert. Irgendwann hatte sie sich dann in unserer ganzen Arbeitsgruppe verbreitet.«

Die Arbeitsgruppe bestand aus interessanten Menschen. Beispielsweise tauchte der Mann, an dem der Geschwindigkeitssender angebracht war, jahrzehntelang in Physikbüchern auf, weil eine Kamera sein Gesicht fotografierte, als er seine mörderischen Aktionen unternahm. An seinem Schlitten war eine Rakete angebracht, und so angetrieben jagte er auf einer 800 Meter langen Bahn durch die Wüste, an deren Ende über eine Länge von 15 Metern hydraulische Bremsen angebracht waren. »Sahen aus wie Dinosaurierzähne«, erinnert sich einer der Ingenieure grinsend.

Mit diesem Projekt MX981 wollten die Ingenieure zeigen, dass Menschen auch ein Vielfaches der bislang angenommenen Schwerkräfte aushalten können. Solche extremen Kräfte treten vor allem bei militärischen Flugzeugabstürzen auf, wenn der Pilot nicht mehr segeln kann und die Maschine wirklich wie ein Stein zu Boden geht. Die Kräfte bei diesen Aufschlägen wurden mittels plötzlichen Abbremsens des Raketenschlittens nachgestellt.

Die VP* namens John Paul Stapp verformte sich dabei so eindrucksvoll, dass man die Bilder von ihm als Beispiel für Beschleunigung und Schwerkraft immer wieder abdruckte.

Dass man Stapp überhaupt auf das mörderische Raketengefährt ließ, lag daran, dass er vor allem Arzt und Forscher, zugleich aber auch Hauptmann war. Andernfalls hätte man ihm wohl nicht erlaubt, sich mit weit über 18-facher Erdanziehungskraft (g) abbremsen zu lassen. »Bis in den Zweiten Weltkrieg hinein glaubte jeder, dass 18 g die höchstmögliche Kraft sei, die ein Pilot aushalten könnte«, berichtete der Vater von Sparks Nachbarn. »Die Abstürze im Krieg ließen uns aber vermuten, dass das nicht stimmte. Da die Flugzeuge nur auf die Einwirkung von höchstens 18 g ausgelegt waren, entpuppten sie sich als Falle für die Crew. Denn wenn diese beim Absturz höhere Kräfte aushielt als die Maschine, starben Menschen, die in stabileren Maschinen womöglich überlebt hätten.«

Und nun kommt der echte Murphy ins Spiel. »Wir hatten unter den Schlitten normale Eisenbahnschienen auf den Boden betoniert. Mit der so entstandenen Bahn waren ursprünglich die deutschen V1-Raketen getestet worden. Der ebenfalls von einer Rakete angetriebene Schlitten raste mit etwa 320 Sachen in die Bremsen.« Dann wurde gemessen, wie es dem Testpiloten ergangen war und wie viele g beim Abbremsen auf ihn gewirkt hatten.

»Stapp führte die Tests immer selbst durch«, ergänzt George Nichols. »Er hätte niemals damit leben können, dass ein anderer durch Versuche, die er selbst gegen viele Widerstände der Oberen durchgeboxt hatte, verletzt wird oder stirbt. Also saß grundsätzlich er oder notfalls ein Schimpanse auf dem Schlitten. Dabei waren blaue Flecken und gebrochene Rippen noch das kleinste Übel.

Beim 29. und letzten Test kam ein neuer Schlitten zum Einsatz, den wir Sonic Wind tauften. Nicht zu Unrecht, denn mit 1017 km/h war er schneller als manche Pistolenkugel. Beim Abstoppen, das weniger als eine Sekunde dauerte, erreichten wir Kräfte von 46,2 g.«

Niemand war jemals absichtlich so stark beschleunigt, bewegt und dann abgestoppt worden. Stapp traf mit einer Kraft auf die Saurierbremsen, wie sie auf einen Autofahrer einwirkt, der mit 193 km/h gegen eine Wand donnert. Allerdings war Stapp dieser Einwirkung nicht nur Bruchteile einer Sekunde, sondern 1,1 Sekunden lang ausgesetzt.

Zwar überlebte er den letzten Höllenritt, aber seine Augen waren danach völlig mit Blut gefüllt. »Das werde ich niemals vergessen«, erinnert sich Nichols, »es war absolut grauenhaft.« Zum Glück waren nur die Kapillaren geplatzt. Stapps Netzhaut hatte sich nicht abgelöst, sodass er einige Tage später wieder sehen konnte. Allerdings stand von diesem Tag an bis zu seinem Tod ein Phantombild vor seinen Augen.

Stapp war nicht nur ein mutiger Forscher und seinen Chefs eine Plage. Er hatte auch eine besondere Art von Humor (vgl. *Humor ist nicht erblich*). Dazu gehörten die im deutschsprachigen Raum gut bekannten »Gesetze« wie beispielsweise: »Nehme ich einen Regenschirm mit, scheint garantiert den ganzen Tag die Sonne.«

»Diese humorvoll gemeinten Regeln gab es damals noch nicht«, erklärt Nichols. »Die einzigen Regeln, die wir kannten, waren Naturgesetze. Stapp brachte uns durch seine erfundenen Gesetzmäßigkeiten dazu, selbst welche zu erfinden. Schon bevor Ed Murphy zu uns kam, hatte ich daher meine eigene kleine Regel: ›Wenn eine Handlung Folgen hat, die nicht wünschenswert sind, dann vergiss das Ganze einfach.‹ Das war der direkte Vorläufer zu Murphys Gesetz. Denn es lautete ursprünglich nicht: ›Wenn etwas schief gehen kann, wird es schief gehen!‹, sondern: ›Alles, was passieren kann, passiert auch!‹ Das sollte eigentlich nur bedeuten, dass wir uns bemühen mussten, alles zu tun, um zu verhindern, dass etwas schief geht.«

Als Ed Murphy dann eines Tagen sein falsch verkabeltes g-Messgerät anbrachte, machte er die berühmte Bemerkung, dass sein Assistent gepatzt habe und eben immer alles, was man falsch machen könne, falsch mache. »Je länger ich darüber nachdachte«, erzählt Nichols, »desto weniger glaubte ich Murphy das. Mir schien eher, dass er selber den entscheidenden Fehler gemacht hatte: Weder hatte er das Gerät getestet, noch hatte er es uns testen lassen. Nach einigen Tagen fing die Sache an, sich in unseren Köpfen zu einem neuen ›Gesetz‹ zu formen. Murphys eigentlicher Ausspruch war aber zu lang und zu speziell. Also einigten wir uns auf folgendes Murphy-Gesetz: ›Wenn etwas passieren kann, dann wird es passieren.‹«

So hatte das Team also Rache am schludrigen Murphy genommen. Besonders Schlittentester Stapp griff die neue Regel freudig auf und zitierte sie fortan zusammen mit seinen übrigen, ebenfalls selbst erdachten »Gesetzen« bei jeder Gelegenheit. Da Stapp nicht nur bekannt, sondern auch beliebt war, verbreitete sich Murphys Gesetz in den 1950er-Jahren, bis es schließlich westliches Allgemeingut wurde.

Und damit könnte eine schöne Geschichte enden. Leider hat sie aber einen bitteren Nachspann. Nachdem das Büchlein erschienen war, zu dem George Nichols das Vorwort geschrieben hatte, versuchte er, Ed Murphy aufzutreiben. Der arbeitete mittlerweile aber nicht mehr beim Militär, sondern als Sicherheitsingenieur in der freien Wirtschaft. »Murphy interessierte sich nicht sonderlich für die Sache«, erklärt Nichols. »Das fand ich seltsam, bis mir ein Licht aufging. Ed Murphy hatte keine Ahnung, dass Murphys Gesetz nach ihm benannt war!«

Doch eines Tages klingelte bei Nichols das Telefon. »Murphy war dran«, berichtet er schaudernd. »Er hatte das Buch doch noch erhalten und flippte nun vollkommen aus. Allerdings nicht, weil er als Ingenieur schlecht dastand, sondern weil er der alleinige Urheber der Regel sein wollte. Wir sollten sogar einen Brief unterschreiben, in dem wir das öffentlich bekennen würden. Er behauptete, wir hätten uns an ihm bereichert und so weiter. Zuletzt ging ich gar nicht mehr ans Telefon. Das Theater hörte jahrelang nicht auf – bis Ed Murphy am 17. Juli 1990 starb.«

»Es ist schon verrückt«, sagt Nick Spark. »Murphys Gesetz hat alle überlebt. John Paul Stapp war in den 1950er-Jahren beispielsweise so berühmt, dass er es sogar auf das Cover des *Time Magazin* schaffte. Doch heute erinnert man sich nur noch an Murphys Gesetz.«

Noch verrückter ist allerdings, dass Murphys Gesetz ursprünglich genau das Gegenteil der heutigen Bedeutung hatte. Denn eigentlich sollte es eine Mahnung für Ingenieure und Techniker sein, stets aufzupassen: »Überlege, welche anderen Ereignisse anstelle des vorgesehenen auftreten können. Beuge diesen möglichen Fehlern so gründlich vor, dass sie nicht geschehen können.«

Heute versteht man die Regel so, dass man sowieso nix machen kann und das Röstbrot eben immer auf die lecker beschmierte Seite fallen wird.

> **Ig-Gesamtnote**: Ein nur an Geschichte interessierter Mitarbeiter eines Fliegerheftes ermittelte nebenbei den Ursprung von Murphys Gesetz. Das reichte locker zum Ig-Nobelpreis für Ingenieurwissenschaften des Jahres 2003. Allerdings ging der Preis nicht an den Journalisten, sondern an Ed Murphy. Und auch, wenn es ihm nicht gepasst hätte: Er musste den Preis posthum mit Raketenschlitten-Arzt John Paul Stapp und George Nichols teilen, die Murphys Gesetz ab 1949 von Edwards aus in der ganzen Welt verbreitet hatten. Es kann ja nicht immer alles klappen.
>
> Nick Spark (2003), »The Fastest Man on Earth«. In: *Annals of Improbable Research*, Nr. 9 (5).

WER DUMM IST, FINDET SICH PRIMA

Ein Klassiker unter den ignoblen Papers* stammt von zwei Psychologen der Cornell-Universität. »Menschen neigen dazu, ihre eigenen zwischenmenschlichen und geistigen Fähigkeiten zu überschätzen«, schreiben Justin Kruger und David Dunning. »Wenig begabte Menschen sind dabei doppelt benachteiligt. Sie treffen nicht nur unglückliche Entscheidungen und ziehen falsche Schlüsse, sondern erkennen diese Fehler hinterher auch nicht.«

Dazu ein Beispiel aus meiner Arbeit. Eine Kölner Familie tötete ihren wenig geliebten Onkel und zerstückelte ihn. Hände und Kopf äscherten sie ein, die Kleidung und restlichen Körperteile wurden im Gebüsch verteilt. Leider hatten die Täter vergessen, die Kontoauszüge aus der ebenfalls zerstückelten Hose zu ziehen (siehe: Mark Benecke, *Mordmethoden*, Bergisch Gladbach 2002). Der Ermittlungsaufwand schrumpfte dadurch auf Pistaziengröße. Man brauchte nur den Namen des Kontoinhabers ablesen und dann bei seinen Verwandten nach Blutspuren suchen.

Auch die beiden Psychologen kennen ein passendes, wenngleich weniger ekeliges Verbrechen. McArthur Wheeler überfiel im Jahr 1995 am hellen Tag zwei Banken in Pittsburgh, trug aber weder Maske noch Damenstrumpf im Gesicht. Um elf Uhr wurde sein von den Überwachungskameras der Banken geschossenes Foto in den Nachrichten gebracht, um kurz vor zwölf war er verhaftet. Selbst die Polizei war fassungslos, als

Wheeler erklärte, warum es ihm unbegreiflich war, dass man ihn gefunden hatte. Er war unbeirrbar davon überzeugt, dass Zitronensaft, den er sich ins Gesicht gerieben hatte, das Fotografieren verunmöglichen würde. Derzeit sitzt er seine 24-jährige Haftstrafe ab.

»Um festzustellen, ob man ein Ziel erreicht hat«, erklären die Psychologen, »muss man verstehen, welche Regeln und Entscheidungswege die richtigen sind. Das gilt nicht nur für Banküberfälle, sondern auch für Kindererziehung, vernünftiges Reden oder dafür, eine ordentliche psychologische Untersuchung durchzuführen.«

Also machten sich die Kollegen ans Werk – so gut sie es eben konnten. Ihr Test prüfte den Humor, das Englisch und das logische Denken (vgl. *Humor ist nicht erblich*) von 140 Probanden. Zudem mussten sie ihre eigenen Leistungen und die ihrer Mitstreiter einschätzen. Es handelte sich bei den VP* ausschließlich um Studierende.

Für den Humorteil bedurfte es der Hilfe von Profis. Also wurden acht Komödianten gebeten, Witze auszusuchen, die verschieden lustig sein mussten. Die Witzbewertung der Komödianten wurde als gegeben hingenommen (O-Ton: »Sie müssen damit ja Ihr Geld verdienen«). Ein Jurymitglied musste allerdings nachträglich ausgeschlossen werden, weil dessen Humor sich statistisch zu sehr von dem der anderen sieben Juroren unterschied ($r = -0,9$ / Korrelations-Koeffizient*). Der Humor der restlichen sieben Scherzkekse stimmte mit $r = 0,76$ genügend überein.

Zwei Beispiele für die ausgewählten Witze folgen. Europäer würden sie vermutlich genau andersherum bewerten. Das liegt an den erheblichen kulturellen Unterschieden zu den USA. Die Testpersonen stammten aber nun einmal aus den Vereinigten Staaten (vgl. *Worüber Chinesen lachen*).

Schlechter Witz (Note 1,3 von 10):
Was ist so groß wie ein Mann, wiegt aber nichts? – Sein Schatten!

Ausgezeichneter Witz (Note 9,6 von 10):
Ich finde es niedlich, wenn man einem Kind erzählt, dass Regen kein Wasser ist, sondern die Tränen Gottes. Wenn das Kind dann fragt, warum Gott weint, dann sage ich ihm: »Bestimmt wegen irgendetwas, das du angestellt hast.«

Die Teilnehmer bewerteten nun je 30 Witze. Danach mussten sie auf einer Skala von null bis hundert eintragen, wie gut sie einschätzen können, was lustig ist und was nicht.

Es ergab sich, dass männliche wie weibliche Studierende ungefähr dieselbe Meinung zu den Witzen hatten und dass sie sich selbst durchschnittlich 66 von 100 Punkten für »Witzigkeitserkennung« gaben. Nun brauchte man nur noch vergleichen, wie das mit der Witzwertung des Expertenrates zusammenpasste. Obwohl die Studierenden zwar in gleichbleibendem Verhältnis zwischen Selbsteinschätzung und tatsächlicher Witzigkeit standen ($p < 0,0001$), überschätzten sie sich aber doch um durchschnittlich 16 von 100 Punkten. Mit anderen Worten: Sie hielten sich für lustiger, als sie nach Meinung der Komödianten waren.

Herausgepickt wurden nun diejenigen 16 Probanden, die im Witztest besonders schlecht abgeschnitten hatten. Bei ihnen trieb die Selbstüberschätzung besonders große Blüten. Obwohl die unlustigsten Studenten nur zwölf von 100 Humorpunkten erzielt hatten, sprachen sie sich 58 Punkte zu. Ein erschreckendes Ergebnis: »Die inkompetenten Teilnehmer waren so schlecht, dass sie ihre eigene Humorleistungsfähigkeit gar nicht mehr unterschätzen konnten. Vielleicht überschätzten sie sie deshalb.«

Nun ging es in die nächste Runde. Hier wurde nicht Humor, sondern die sinnvolle Aneinanderreihung von Gedanken getestet. Dazu gab's 20 Fragen, die normalerweise bei einem Universitätstest für das Jurastudium zur Anwendung kommen: Juristen müssen sehr stark auf gedanklich richtige Verkettungen und genaue Wortbedeutungen achten.

Erneut meinten die Probanden, sie hätten etwa 66 Punkte erzielt, und erneut überschätzten sie sich damit um 16 Punkte. Besonders stark daneben lagen wieder die Schlechtesten vom vorherigen Test. Sie hatten im Durchschnitt wieder nur zwölf Punkte erreicht, meinten aber, im Bereich zwischen 62 und 68 Punkten liegen zu müssen.

Zuletzt ging es in die Grammatikprüfung. Die Probanden lagen diesmal in ihrer Selbsteinschätzung sogar 30 Punkte über ihrer wahren Leistung. Die besonders schlechten Kandidaten trauten sich sogar 40 Punkte mehr zu, als sie tatsächlich erreicht hatten.

Nun ist es ja erträglich, dass manche Menschen weniger können als andere und sich trotzdem für klüger halten, als sie sind. Wie denken die weniger begabten Menschen aber über ihre klügere Umgebung? Um das herauszufinden, baten die Versuchsleiter die besten und schlechtesten Probanden einige Wochen nach dem Test noch einmal zu sich. Sie sollten jetzt zuerst die Leistungen der anderen bewerten und danach noch einmal sich selbst. Dazu händigten die Psychologen Kruger und Dunning ihnen die Antworten der jeweils anderen Gruppe aus.

Das Ergebnis war erschütternd. Den schlechten Probanden gelang es kaum, die Leistungen der anderen VP richtig einzuschätzen. Noch dazu gaben sie danach eine noch stärker übertriebene Selbstbewertung ab als vorher.

Umgekehrt verhielten sich die besten Probanden. Sie besahen sich die Bögen der anderen Gruppe und senkten daraufhin ihre Selbsteinschätzung. Das ist umso bemerkenswerter, als ihnen nicht die Bögen von besseren, sondern von schlechteren Teilnehmern vorlagen. Die schlaueren VP konnten also auch angesichts falscher Lösungen ihr eigenes Abschneiden richtiger einschätzen und nach unten hin korrigieren.

Was den weniger schlauen VP fehlte, war also nicht nur reines Wissen, sondern auch die Fähigkeit, sich mit anderen zu vergleichen. Selbst wenn man ihnen die deutlich besseren Testbögen mit den richtigen Lösungen zeigte, erkannten sie ihr schlechtes Abschneiden nicht. Im Gegenteil, sie meinten nun sogar, noch besser abgeschnitten zu haben.

»Das erinnert an Menschen, deren rechte Gehirnhälfte ausfällt. Wenn man eine Tasse vor sie stellt, können sie diese mit der linken, gelähmten Hand nicht hochheben. Fragt man sie, warum sie die Tasse nicht anheben können, dann sagen sie, dass sie müde sind, dass sie die Aufforderung nicht gehört hätten oder dass sie jetzt keine Lust dazu haben«, berichten die Versuchsleiter. »Sie geben aber niemals zu, dass sie die Tasse nicht hochheben können, weil sie links halbseitig gelähmt sind. Der Ausfall der rechten Gehirnhälfte bewirkt also nicht nur eine körperliche Lähmung, sondern auch eine geistige Unfähigkeit, diese wahrzunehmen.

Warum die weniger begabten Menschen nicht irgendwann merken, dass sie weniger können, ist uns ein Rätsel. Eigentlich müssten sie ihr Unvermögen anhand der Reaktionen ihrer Umwelt begreifen. Aber genau das können sie nicht: ihre Umwelt verstehen.«

> **Ig-Gesamtnote**: Dachte man in der Schule, der Lateintest sei danebengegangen, wurde er gut bewertet. Glaubte man hingegen, es sei gut gelaufen, so war's nur eine schimme-

lige Drei minus (vgl. *Murphys Gesetz*). Was genau das jetzt bedeutet, weiß ich nicht. Ich meine aber nach wie vor, dass das Paper von Kruger und Dunning nicht nur Ig-Standardlektüre bleiben sollte, sondern auch den Ig-Nobelpreis für irgendeine Disziplin verdient hat. Ich drängele einfach weiter, auch wenn alle sagen, dass ich Unrecht habe.

Justin Kruger / David Dunning (1999), »Unskilled and unaware of it. How difficulties in recognizing one's own incompetence lead to inflated self-assessments«. In: *Journal of Personality and Social Psychology*, Nr. 77, S. 1121 bis 1134.

WORÜBER CHINESEN LACHEN

Obwohl sämtliche Witzarten durch drei humoristische Hauptgruppen beschrieben werden können (vgl. *Humor ist nicht erblich*), finden sich im Einzelnen doch starke Unterschiede. Sehr deutlich wurde das bei der für Europäer unverständlichen Witzbewertung im vorigen Abschnitt (vgl. *Wer dumm ist, findet sich prima*). Wir sitzen eben oft dem Irrtum auf, dass Menschen, die uns äußerlich ähnlich sehen, auch denselben Geschmack haben müssten.

Das größte Problem dabei, Witze aus anderen Ländern zu verstehen, sind die oft darin zum Ausdruck kommenden sozialen Probleme. Kann man sie nicht lösen, macht man sich eben darüber lustig. In Deutschland kann beispielsweise kaum noch jemand über Ehewitze lachen, die in den 1950er- und 1960er-Jahren ein Renner waren. Und in den 1980er-Jahren waren in der DDR Witze wie dieser beliebt: »Honeckers Lieblingssportart?« – »Bob fahren!« – »Wieso?« – »Links 'ne Mauer. Rechts 'ne Mauer. Und immer bergab!« Junge Leute schütteln über den ihrer Meinung nach doofen Witz höchstens den Kopf.

Viele Witze, egal ob konativ, affektiv oder kognitiv, sind ohne kulturelle Zusatzkenntnisse entweder nicht lustig oder überhaupt nicht zu begreifen.

Zwei weitere Beispiele sollen das demonstrieren. Entscheiden Sie selbst, ob Sie die betreffenden Witze lustig finden oder nicht:

Witz A:

Er: »Warum habe ich deine Mutter hier in den letzten Tagen nicht gesehen?«

Sie: »Ich habe sie rausgeworfen.«

Er: »Rausgeworfen? Hast du nicht gesagt, sie will noch ein paar Tage bleiben?«

Sie: »Ja, aber wir haben gerade erst eine Waschmaschine gekauft.«

Witz B:
Die Mutter gibt dem Vater einen Brief ihres Sohnes. Er schaut ihn kurz an und schreibt darauf »GENEHMIGT«.
Die Frau lacht: »Bist du verrückt?«
Der Mann schlägt sich vor die Stirn und sagt: »Oh, ich bin ja zu Hause.«

(Aus: Ding Cong (1997), *Witz und Humor im Modernen China*. Peking: New World.)

Viele Witze sind nur im kulturellen Zusammenhang zu verstehen. Hier zwei Beispiele aus China.

BLUTEGEL UND SAURE SAHNE

Blutegel kamen nach dem Zweiten Weltkrieg aus der medizinischen Mode, weil man Angst vor übertragbaren Krankheiten und beißenden Tieren hatte. Außerdem stiegen in den 1990er-Jahren die Bezugspreise in der Apotheke stark an. Da die Egel ursprünglich aus Seen entnommen wurden, war der Nachschub fast zusammengebrochen. Seit etwa zehn Jahren jedoch gibt es immer mehr Blutegelfarmen. Heilkundige wie Biologiestudenten können sich nun endlich wieder an den interessanten Hirudineen erfreuen, die übrigens zur selben Tiergruppe wie Regenwürmer gehören.

Wer schon einmal Blutegel gezüchtet hat, weiß, dass die Fütterung ein großes Problem darstellt. Zwar fressen die erwachsenen Tiere nur selten – eine Blutmahlzeit im halben Jahr genügt völlig. Aus unerklärlichen Gründen sterben aber hin und wieder ganze Zuchten, oder die Tiere zicken und weigern sich, das frische oder aufgetaute Blut zu schlürfen.

Oft wird dann versucht, die Egelchen mit Schweißstraßen zum Blut zu locken. Das finden Heilpraktiker und Chirurgen aber wenig hygienisch, und so nahmen sich ärztliche Kollegen der Universität Bergen in Norwegen der Sache einmal in Ruhe an.

Sie fanden heraus, dass das Zuchtproblem schon lange bekannt ist. In der örtlichen Unibibliothek behandelte ein Artikel von 1823 beispielsweise »Middel til at tvinge Igler til at suge Blod«, also Mittel, um Egel zum Blutsaugen zu bringen. Es wurde angeregt, die Tiere vor dem Aufsetzen auf die Haut in

Starkbier zu tauchen. In den 1920er-Jahren wurde zu saurer Sahne geraten, die man auf die Haut auftragen sollte. Und der auch an alternativen Heilmethoden interessierte Professor für Allgemeinmedizin Anders Baerheim wusste vom Hörensagen, dass auch Knoblauch die Beißlust steigern soll.

Daher wurden je sechs Egel entweder in braunes Guinness, Hansa-Bock aus Bergen oder Wasser getaucht. Dann wurde die Zeit gemessen, bis die Tiere anbissen. Insgesamt kam jeder Egel dreimal in jede Flüssigkeit und damit je neunmal an die Reihe.

Tatsächlich zeigte die Behandlung Wirkung – allerdings eine unerwünschte. Die nicht getunkten Egel bissen am schnellsten an, nämlich nach durchschnittlich 92 Sekunden. Die Bier-Egel waren deutlich langsamer und bissen erst nach 187 Sekunden (Guinness) beziehungsweise 136 Sekunden (Hansa) an. Das Bier hatte zudem uns aus dem Alltag vertraute Auswirkungen: Die Egel drehten ihre Vorderenden in bizarre Richtungen, rutschen von der Unterlage und fielen auf den Rücken.

Nach diesen ernüchternden Versuchen durften weitere sechs Egel ungetunkt auf den Arm. Dort trafen sie nun aber wahlweise auf Knoblauch, Crème fraîche oder blanke Haut. Zwei der sechs Versuchsegel machten schon zur Halbzeit schlapp, da sie den Knoblauch nicht ertrugen. Sie starben trotz Frischwasserzufuhr zweieinhalb Stunden nach dem kathartischen Kontakt. Den anderen vier Egeln wurde der Knoblauch erspart.

Am ungewöhnlichsten war die egelitäre Reaktion auf saure Sahne. Die Tiere benötigten zwar, wie beim blanken Arm, nur etwa eine halbe Minute, bis sie bissen. Allerdings saugten sie nach dem Versuch »wie verrückt« (O-Ton der Autoren) an der Glaswand der Aquariums.

»Der Tipp mit der sauren Sahne beruht also wohl eher auf Einbildung«, meint Forschungsleiter Baerheim. »Interessanter war, dass Blutegel an Knoblauch sterben und diesen durch die

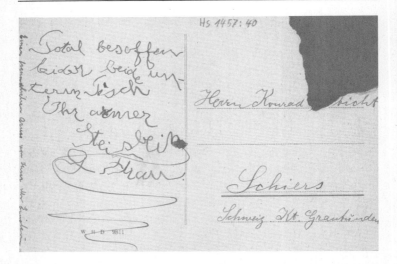

Nicht nur Blutegel, sondern auch Albert Einstein kommen durch Alkohol auf ulkige Gedanken. (Mit freundlicher Genehmigung und unter Copyright © des Einstein-Archivs, Jewish National & University Library, Jerusalem, Israel). Herzlichen Dank auch an Thomas Fraps (MetaMagicum) und das Technorama Science Center (Winterthur, Schweiz) für ihre Hilfe mit dieser Abbildung.

Haut aufgenommen haben müssen. Das war bislang unbekannt. Andererseits fühlen sich die Egel aber zu Knoblauch hingezogen, wenn man sie nur lässt. Woher diese tödliche Liebe zum Knoblauch kommt, müsste noch ausgelotet werden.«

> **Ig-Gesamtnote**: Glasklarer Ig-Nobelpreis für Biologie des Jahres 1996. Die Autoren waren unabkömmlich, sandten aber den in Washington stationierten Botschafter Norwegens zur Preisverleihung. Der tat so lange unschuldig, bis die Bühne frei war. Dann zog er eine Hand voll Blutegel aus der Tasche und warf sie ins schreiende Publikum.

Anonymus (1823), »Means to force leeches to suck blood«. In: *Eyr*, Nr. 3, S. 57f. [Original: Norwegisch].

Anders Baerheim / Hogne Sandvik (1994), »Effect of ale, garlic, and soured cream on the appetite of leeches«. In: *British Medical Journal*, Nr. 309, S. 1689.

Mark Benecke (1995), »Hirudo medicinalis Linne 1758: Zucht und Biologie des Medizinischen Blutegels«. In: *Die Aquarien- und Terrarienzeitschrift (DATZ)*, Bd. 48, S. 168–171.

PROLET GEGEN PROFESSOR: RENNEN, EY?

»Autounfälle sind eines der größten Gesundheitsprobleme und entstehen aus dem vielschichtigen Zusammenwirken von Fahrenden, Kraftfahrzeug und Straße«, lautet der schöne und richtige Satz zu Beginn einer Untersuchung der Kollegen Hemenway und Solnick (vgl. *Taxifahren in Nigeria*). Sie hatten das Fahrverhalten von 1 800 Menschen aus Kalifornien geprüft und unter anderem gefragt, ob Fahrende mit Fuchsschwanz am Innenspiegel und hirnrissigen Aufklebern auf dem Blech wirklich häufiger Unfälle bauen als ruhige und stets sachliche Gebildete.

Das war nicht der Fall. Wer nach dem Fachhochschulabschluss noch weiter studierte und daher auch mehr verdiente, raste nicht nur häufiger mit dem Auto, sondern baute auch mehr Crashs. Die Reichen und Schlauen saßen zudem ebenso oft betrunken am Steuer wie alle anderen sozialen Schichten.

Die Widerlegung dieser Vorurteile kam unerwartet. Weil die Daten schon mal bei der Hand waren, schauten sich die Kollegen nun auch andere Zusammenhänge an. Dabei zeigte sich, dass junge Leute sich und andere auf der Straße keineswegs stärker gefährden als die übrigen Altersgruppen. Zwar fuhren die jungen Erwachsenen deutlich schwungvoller und risikoreicher als die alten Verkehrshasen. Sie bauen auch doppelt so viele Unfälle. Rechnete man ihre Crash-Anzahl aber auf die gefahrenen Kilometer um, dann krachte es bei Jungen wie Alten gleich oft.

Das galt auch für über 65-Jährige. Sie fuhren zwar mit 238,2 Kilometern pro Woche deutlich weniger als die Restbevölkerung (334,7 Kilometer pro Woche), bauten aber pro Kilometer erneut so viele Unfälle wie alle anderen.

Egal war auch, ob die Fahrer ihr Auto frei von Klimbim hielten oder es mit den schon erwähnten Aufklebern, Fuchsschwänzen und anderem Schmuck versahen. In allen Fällen blieb die Unfallrate gleich. Der im deutschsprachigen Raum in den 1980er- und 1990er-Jahren als »Manta-Fahrer« bezeichnete angebliche Verkehrsprolet ist also gar keiner. Er fährt ebenso gut Auto wie Professoren und Politiker.

Ganz anders sieht es für jene aus, die im Auto wüten, schreien und den anderen Fahrern durch Gesten zeigen, was sie von ihnen halten. Diese Gruppe hat ein erhöhtes Unfallrisiko, weil sie öfter über Rot fährt und generell mehr rast. Allerdings setzen sich die unausgeglichenen Flegel zu gleichen Maßen aus Gebildeten und Ungebildeten zusammen.

Besonders schön war zuletzt noch die Pulverisierung eines weiteren angeblichen Zusammenhangs. Es war den Forschenden unerklärlich, warum Singles anscheinend häufiger betrunken am Steuer saßen und auch riskanter fuhren als Verheiratete. Die Auflösung war einfach: Es handelte sich nicht um geistig gestörte Menschen, die weder mit einem Lebensgefährten noch einem Kfz umgehen können, sondern schlichtweg um die Gruppe der jüngeren Fahrer. Sie waren nicht wirklich »unverheiratet«, sondern bloß *noch nicht* verheiratet. Hier hätte sich beinahe ein Storchproblem* in die mühevollen Rechnungen geschlichen.

Am besten schnitten übrigens die 15 Prozent der Autobesitzer ab, die ihren Traumwagen fuhren. Um ihr metallenes Schätzchen zu schonen, mieden sie jedes Risiko und gerieten dadurch seltener in Unfälle. Schmatz, es geht doch!

Ig-Gesamtnote: Wer seine Träume lebt (oder besitzt), ist friedlich. Wer laut schreit, soll mal lieber einen Gang runterschalten. Diese nun auch durch die Verkehrsforschung bestätigten Tatsachen passen mir gut in den Kram. Ich werde daher – natürlich bei Beachtung aller Regeln und geschmückt mit einem Christophorus-Anhänger – versuchen, einen Ig-Nobelpreis für die Kollegen einzufädeln.

David Hemenway / Sara Solnick (1993), »Fuzzy dice, dream cars, and indecent gestures. Correlates of driver behavior?« In: *Accident Analysis & Prevention*, Nr. 25, S. 161 bis 170.

MARTINIS MUSS MAN SCHÜTTELN

Die Professoren John Trevithick (Biochemie) und Maurice Hirst (Giftkunde) legten am Ende ihrer Karriere eine extratrockene Nummer hin. Zusammen mit dem gesamten Laborpersonal und Madame Trevithick junior bewiesen sie, dass Martinis tatsächlich besser geschüttelt werden sollten.

Eigentlich hatte sich John Trevithick mit den Linsen und Hornhäuten von zuckerkranken Ratten beschäftigt. Ihn trieb dabei die Frage um, wie und warum sich Antioxidantien* auf die Lichtdurchlässigkeit der Augengewebe auswirken.

Eins seiner Experimente war ein Leuchttest. Dazu wird das auch in der Kriminalistik manchmal zur Blutsuche eingesetzte Luminol* verwendet. Im Dunkeln kann ein Luminolgemisch ein schönes, blaugrünes Licht ergeben. Seine Leuchtstärke vermindert sich im Labor umso mehr, je mehr Antioxidantien vorhanden sind. Abhängig davon, wie die Rattenlinsen zuvor behandelt worden waren, ergaben sie in Luminol ein verschieden starkes Leuchten. So konnte man ohne großen Geräteaufwand auf die Menge Antioxidantien in den Linsen rückschließen.

Was lag da näher, als einmal auszuprobieren, welche Martini-Zubereitung ein stärkere antioxidative und damit Menschen schützende Wirkung hat: Gerührt oder geschüttelt? (siehe: *Martinis muss man rühren*)

Die Labor-Martinis waren nur so klein wie eine Pistazie: Auf sechs Milliliter Gin kamen drei Milliliter Wermut. Diese Mischung wurde entweder in eine 100-Milliliter-Flasche gegeben und dort eine Minute geschüttelt (shaken Martini). Oder sie kam in ein 20-Milliliter-Becherglas und wurde dort mit dem Vortex* gerührt (stirred Martini).

Beide entstandenen Martini-Sorten senkten die Leuchtkraft des Luminolgemisches. Das bedeutete, dass Martinis auf jeden Fall antioxidativ sind. Allerdings bremste der geschüttelte Martini das Luminol doppelt so stark wie der gerührte (p* = 0,006). Geschüttelt ist also »besser« als gerührt. Zumindest wenn es darum geht, eine möglichst starke antioxidative Wirkung zu erhalten.

Die sechs Kollegen der Universität Ontario, denen die Tücken der Antioxidantien-Forschung bekannt waren, fragten sich nun, ob sie einem Irrtum aufgesessen seien. Der einzige Unterschied zwischen den beiden Martini-Arten war ja die Weise des Verquirlens. Es müsste schon Magie im Spiel sein, wenn das allein den Unterschied erklären könnte. Viel eher schien es den Forschern, als ob beim Schütteln wegen der stärkeren Vermischung mit Luft-Sauerstoff irgendein Bestandteil der Martinis zerfallen sein könnte, der beim Rühren heil bleibt.

Dass der Sauerstoff aber nicht der Übeltäter war, bewies ein weiteres Experiment. Dabei wurde die nächste Ladung Mini-Martinis eine Minute lang fest mit Sauerstoff- beziehungsweise mit Stickstoffblasen durchflutet. Egal, wie stark der Sauerstoff aber geblubbert hatte, es zeigte sich kein Unterschied in der Leuchtkraft des Luminols zum mit Stickstoff durchströmten Martini.

Anstatt es nun dabei zu belassen und aufzugeben, fühlten sich die Biomediziner erst recht herausgefordert. Sie stellten weitere Martinis her und ließen diesmal Stickstoff und Sauerstoff gleichzeitig durch die Drinks fließen. Und tatsächlich: Die so doppelt angereicherten Getränke wirkten auf das Luminol wie im ersten Versuch der geschüttelte Testtrunk.

Zuletzt wurden noch Gin und Wermut getrennt voneinander untersucht. Während Wermut eine Verminderung des Luminolleuchtens um 98,1 Prozent bewirkte, schaffte der Gin nur 41,7 Prozent. Es ist also vor allem der Wermut, der den Martini antioxidativ macht. Allerdings: Das Gemisch von Wermut und Gin bleibt die beste Lösung. Nur, wenn die beiden Flüssigkeiten zusammengerührt, äh, geschüttelt, werden, entfalten sie ihre ganze antioxidative Kraft.

Ig-Gesamtnote: Die beiden alten Kauze haben es wirklich geschafft. Nachdem sie die Martini-Nummer in das qualitätvolle *British Medical Journal* gehievt und dabei Trevithicks Tochter Colleen auch noch als Hauptautorin vorgelassen hatten, legten sie im Jahr 2000 sofort nach und untersuchten verschiedene Biersorten. Es kam heraus, dass Stout (Starkbier) das Risiko für Gefäßverkalkung und grauen Star um bis zu 50 Prozent senken kann. Wir verneigen uns vor den Emeriti* und senden beste Wünsche für einen beschwingten Ruhestand.

Colleen Trevithick / Maria Chartrand / J. Wahlman / F. Rahman / Maurice Hirst / John Trevithick (1999), »Shaken, not stirred: bioanalytical study of the antioxidant activities of martinis«. In: *British Medical Journal*, Nr. 319, S. 1600 ff.

MARTINIS MUSS MAN RÜHREN

Das vermeintlich Wilde am britischen Agenten 007 ist nicht seine Lizenz zum Töten, sondern dass er Martinis gern geschüttelt trinkt. Was Zentraleuropäer bloß für einen unbedeutenden Spleen halten, ist in Wirklichkeit ein Schlag ins Gesicht jeden Barkeepers. Anders als die süßen Blubberlutschen, die heute an jeder Ecke als Cocktail verkauft werden, darf ein Martini nämlich niemals geschüttelt werden.

Nach den Regeln der Kunst entsteht der König der Cocktails grundsätzlich so: Trockene Eiswürfel in ein Rührglas geben. Dazu kommen auf einen Teil kalten Noilly Prat (Wermut) fünf Teile Bombay Sapphire (Gin). Dieses Verhältnis kann sich zum noch Trockeneren ändern; V-Leute berichten von Gemischen mit bis zu 25 Teilen Gin.

»Üblich ist es auch«, erklärt Thomas Hermle, Spezialist für perfekte Cocktails, »nur die Eiswürfel im Rührglas mit Noilly Prat zu tränken und danach den Wermut wieder abzuseihen. Der am Eis haftende Wermut sei genug für einen Martini. Extremisten sagen, es reiche, wenn die Sonne durch die Wermutflasche auf den Gin scheine. Ich bevorzuge 5:1, da der Bombay Sapphire und der Noilly Prat hervorragend harmonieren.«

Egal, wie das Mischungsverhältnis ist: Wichtig ist, dass die Flüssigkeiten von unten nach oben durchrührt, aber

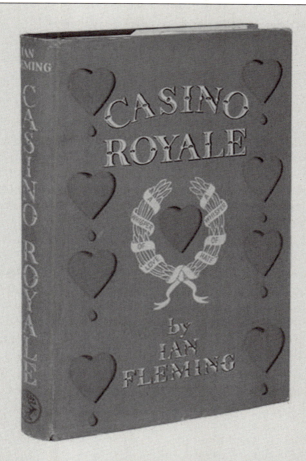

Der James-Bond-Martini wurde 1953 für das erste James-Bond-Buch *Casino Royale* von Ian Fleming erfunden. Zwar ist der Cocktail geschüttelt und nicht gerührt, aber er ist kein echter Martini. Das Rezept samt der hier abgebildeten Erstausgabe wollte mir der Buchhändler für 77 000 Euro überlassen.

niemals geschüttelt werden, bevor sie zuletzt in das kalte Martini-Glas kommen. Auch hat noch niemand von einem Martini gehört, der in einem Sektkelch serviert wird, wie es James Bond wünscht.

Zur Entlastung von Ian Fleming und seiner Romanfigur sei enthüllt, dass der Martini von Agent 007 gar keiner ist. Im siebten Kapitel von *Casino Royale* (1953) steht das berühmte Rezept. O-Ton James Bond zum Barkeeper:

»Drei Teile Gordons (Gin), ein Teil Wodka, einen halben Teil Kina Lillet (Wermut). Schütteln Sie das Ganze, bis es eiskalt ist. Dann fügen sie ein dünnes Scheibchen Zitronenschale dazu. Alles klar?«

Ja, alles klar: Bond trinkt einen geschüttelten Wodka-Martini mit Zitrone. Doch der hat nichts, aber auch gar nichts mit dem reinen, klaren, trockenen, erhabenen Martini gemeinsam, den nicht nur Puristen, sondern auch Poeten lieben:

»Martinis soll man stets rühren und nicht schütteln, damit die Moleküle sinnlich eins auf dem anderen zu liegen kommen.«

William Somerset Maugham (1874–1965).

INDIVIDUALITÄT BEI GOLDFISCHEN

Hätten Physikstudenten diesen arbeitsaufwändigen Versuch aus Übermut angezettelt, dann wäre er weniger verwunderlich. Tatsächlich aber haben sich zusammengetan: Die KollegInnen Neumeister und Faber, Neurowissenschaftler am Albert-Einstein-College für Medizin in New York, Cellucci, Physiker am Ursinus College in Collegeville, Pennsylvania, Rapp, Abteilung für Pharmakologie der Dexel University in Philadelphia, und Korn, Institute Pasteur in Paris.

Die Forscher setzten fünf weibliche Goldfische (Carassinus auratus L.) in ein 75-Liter-Aquarium und verhätschelten sie dort erst einmal in einem »Instant Ocean«. Der entsteht, wenn man Bügelwasser mit Aquariumsalzen, pH-Stabilisatoren und einer kupferhaltigen antiparasitären Medizin verrührt. Alle zwei Tage gab es was zu futtern, und das Licht schaltete sich automatisch alle zwölf Stunden an und aus.

Zum Experiment mussten die Fischchen ihr Heim für jeweils eine Dreiviertelstunde verlassen. Ein schwarzes Klebeband mit zwei weißen Punkten (mit Nagellack aufgemalt) wurde ventral* an die Versuchsfische angebracht, damit die Kamera deren Bewegungen besser aufnehmen konnte. Dann kamen sie in ein zehn Zentimeter hoch befülltes Rundgefäß von einem halben Meter Durchmesser. Eine Kamera zeichnete dort die Schwimmbahnen der fleißigen Fische auf. Jeweils fünf Minuten langes Schwimmen galt als eine zusammenhängende Bahn. Nachdem 75 dieser mehr oder weniger kreisförmigen Bewegungslinien auf dem Band und im Computer gespeichert waren, ging es an die Auswertung.

Erste Berechnungen ergaben, dass die Tiere anfangs vor allem am Rand im Kreis schwimmen. Dieser Effekt wurde 1975 erstmals bei Guppies beschrieben und heißt wissenschaftlich »wall hugging effect« (Wand-Kuscheln). Hierbei kommt es vor, dass die Fische nicht nur vorwärts, sondern auch rückwärts schwimmen. Manchmal rührten sich die Tiere auch gar nicht.

Je länger die Goldfische im Versuchszylinder waren, umso mehr trauten sie sich auch einmal in die Mitte des Gefäßes. Dabei schwammen sie mit deutlich unterschiedlicher Geschwindigkeit: Statt 62,6 nur noch 58,8 Millimeter pro Sekunde ($p^* < 0,002$).

Verglich man nun die Schwimmbahnen der Fische, so zeigte sich Verblüffendes: »Die aus den aufgezeichneten Bewegungen errechnete Wahrscheinlichkeit, dass Bahn 1 und Bahn 2 vom selben Fisch stammen könnten«, erklären die Autoren, »beträgt $0,19 \times 10^{-5}$.« Anders gesagt: Die Bahn, die Fisch 1 beschrieb, kommt nur einmal unter einer halben Million Goldfisch-Bahnen vor. »Fisch 1 und Fisch 2 haben sehr unterschiedliche dynamische Profile«, wie die Autoren feststellen. Der schlechteste Fall trat beim Schwimmen von Fisch 3 und 4 auf. Hier war die Verwechslungswahrscheinlichkeit auf eins zu hundert gesunken. Ein Forscher, dem 100 fünfminütige Goldfischbahnen vorliegen, könnte also mit etwas Pech zwei der Fische jeweils der falschen Bahn zuordnen.

Benutzt man aber, wie in diesem Fall, insgesamt fünf nichtlineare* Auswertungsmetshoden (Charakteristische Fraktaldimension [CFD], Richardson-Dimension [D_R], Lempel-Ziv-Komplexität [LZC], Hurst-Exponent [HE] und relative Dispersion [R. Disp.]), dann gelingt es immer, die Fische beziehungsweise deren Bahnen zu unterscheiden. Die Richardson-Dimension

Individualität bei Goldfischen 209

Kein Goldfisch schwimmt wie der andere. Hier ein gefälschtes Exemplar vom Kleidermarkt in Sanlintun (Peking).

und der Hurst-Exponent erwiesen sich dabei am aussagekräftigsten.

»Nicht-lineare Berechnungen erlauben es«, erklären die Forscher, »in der scheinbar zufälligen Bewegungsabfolge der Tiere versteckte, nicht zufällige Muster zu erkennen. Das gelang bereits beim Sozialverhalten von Schimpansen und den Fressaktivitäten von Ziegen. Verhaltensänderungen von Fischen kann man beispielsweise in der Giftkunde einsetzen. Es konnte etwa gezeigt werden, dass sich Tiere in nicht tödlichen Mengen eines Giftes anders bewegen als zuvor.

Die Bewegung einzelner Fische ist in unseren Versuchen jedenfalls sehr unterschiedlich. Wie gesagt, Verhaltensforscher und Psychologen haben solche Unterschiede auch schon bei anderen Tierarten beobachtet. Dabei ging es aber meistens um höhere Verhaltensstufen. Die von uns nachgewiesene Individualität beim Schwimmen trägt zum Überleben der Fische und damit der ganzen Art bei. Durch die unterschiedlichen Bewegungen kann die Güte der Nahrungssuche eines Schwarms steigen, und besser angepasste Tiere können in der Gruppe einen höheren Platz einnehmen.«

Ig-Gesamtnote: Mein Feuer für dieses Paper kann nicht einmal durch »Instant Ocean« gelöscht werden. Ich drücke Heike Neumeister & Team die Daumen für den Ig-Nobelpreis. Auf dass die Welt begreift, dass Biologie wirklich niemals langweilig wird.

Heike Neumeister / Christopher Cellucci / Paul Rapp / Henri Korn / Donald Faber (2004), »Dynamical analysis reveals individuality of locomotion in goldfish«. In: *Journal of Experimental Biology*, Nr. 207, S. 697–708.

ANHANG

WISSENSCHAFTLICHE BEGRIFFE

Die folgenden Begriffe und Methoden stammen – abgesehen von reinen Worterklärungen – direkt aus dem Werkzeugkasten der Wissenschaftler und sind für sie dasselbe wie eine Schlauchschelle für den Installateur, eine Schere für den Friseur oder ein Spannungsprüfer für den Elektriker: Mittel zum Zweck. Sie dienen dazu, Sachaussagen zu treffen. Wenn aus einem naturwissenschaftlichen Versuchsergebnis zusätzlich eine gesellschaftliche Folgerung gezogen wird, geht das meist schief. Beispiel: Nur weil im Jahr 2002 nur 15 Prozent der verheirateten US-Amerikaner, die in Einfamilienhäusern leben, einkaufen gingen, heißt das nicht, dass Männer Einkaufsmuffel sind. Im selben Jahr gingen vielleicht 90 Prozent der indischen Männer einkaufen.

Und was sind überhaupt Männer? Für Naturwissenschaftler sind das alle Menschen, die ein Y-Chromosom besitzen. Sozialwissenschaftler haben aber zusätzliche und völlig andere Möglichkeiten, einen Mann zu beschreiben. Sie beziehen sich auf sein Selbstbild, die Rolle in der Außenwelt, die Wahrnehmung durch andere und seine Erziehung. Das alles hat mit dem Y-Chromosom oft nur noch wenig zu tun – es kann aber trotzdem eine richtige Beschreibung ergeben.

Schon wegen dieser verschiedenen Deutungsmöglichkeiten macht es Spaß, echte Forschungsarbeiten genau zu durchstöbern, anstatt in einer einzelnen Zeile zusammengefasste Ergebnisse einfach zu glauben. Doch dazu benötigen Sie einige

Fachbegriffe. Diese erlauben Ihnen zu trennen, was der Forscher (a) wirklich herausgefunden hat, was er (b) glaubt, herausgefunden zu haben, und was das (c) Ihrer Meinung nach für die Gesellschaft bedeuten könnte.

Annals of Improbable Research (AIR): Eigentlich »Jahrbücher der Unglaublichen Forschung«, tatsächlich aber eine alle zwei Monate in Cambridge (USA) erscheinende Zeitschrift für meist echte wissenschaftliche Ergebnisse, die sich lustig anhören, es aber nicht sein müssen. Die AIR verleihen einmal im Jahr die Ig-Nobelpreise*. Herausgeber ist der Mathematiker Marc Abrahams, Mitherausgeber sind neben mehreren echten Nobelpreisträgern zahlreiche Spezialisten für so ziemlich jede Forschungsdisziplin.

Der eigentümliche Name der Zeitschrift ist eine Anspielung darauf, dass früher viele wissenschaftliche Zeitschriften als »Annalen« bezeichnet wurden, beispielsweise Justus Liebigs *Annalen der Chemie und Pharmacie*, Glasers *Annalen für Gewerbe und Bauwesen* oder die *Annalen fuer Ornithologie*.

Antioxidantien: Hier Stoffe, die verhindern, dass Sauerstoff Lebewesen schädigen kann. Sie sind in Tee, vielen Gemüsesorten und Obst enthalten.

Campus: von lat. *campus*, »freies Feld«. Der Begriff wird heute für jedes größere Universitätsgelände benutzt. Eigentlich sind damit aber nur in sich geschlossene Gebiete gemeint, auf denen sich die Einrichtungen der Universität befinden (Hörsäle, Mensa, Studentenwohnheime, Labors usw.). In Europa liegen ältere Universitäten oft innerstädtisch, sodass sie von normalen Wohngebieten durchzogen und daher eigentlich keine Campi (»Campusse«) sind.

Charge: von franz. »Last, Beladung«. Hier: Chemikalien oder auch Lebensmittel, die in einem begrenzten Zeitraum mit den genau gleichen Methoden hergestellt und abgefüllt (»beladen«) wurden. Erdbeermarmelade kann abhängig vom Herstellungsdatum unterschiedlich schmecken, weil die Früchte möglicherweise aus verschiedenen Gegenden der Welt kommen. Bei Medikamenten oder Chemikalien kann es sein, dass verschiedene Maschinen in verschiedenen Ländern benutzt wurden und dass sich hinterher herausstellt, dass ein Gerät falsch eingestellt war. In allen Fällen hilft die Chargen-Nummer, die auf die Verpackung aufgedruckt ist, den genauen Herstelltag und weitere Angaben zur Herstellung zu entschlüsseln.

DFG (Deutsche Forschungsgemeinschaft): Größter Geldgeber für Forschungsprojekte, die von der Universität oder anderen Forschungseinrichtungen nicht bezahlt werden (können).

Dorsal: von lat. *dorsum*, der Rücken. Bedeutet »rückenwärts«, »zum Rücken hin«. Der Gegensatz ist ventral: »bauchwärts« von lat. *venter*, der Bauch.

e: Die immer gleich bleibende Eulersche Zahl (mathematische Konstante), benannt von und nach dem Schweizer Mathematiker Leonhard Euler (1707–1783). Ihr Wert beträgt $e = 2{,}71828\ldots$ Die Eulersche Zahl ist für die Beschreibung aller exponentiell ablaufenden Vorgänge und manchmal auch bei der Berechnung von Wahrscheinlichkeiten notwendig.

Beispiele:

- Wenn Einzeller unter Bestbedingungen leben, dann vermehren sie sich exponentiell, das heißt mit immer weiter stei-

gender Geschwindigkeit. Aus einem Bakterium werden 2, daraus 4, daraus 8, daraus 16, daraus 32, daraus 64 und so weiter. Kopiert man hingegen eine Seite aus diesem Buch auf einem Bürokopierer, so wächst die Anzahl der Seiten viel langsamer, nämlich nur linear: Aus einer Seite werden 2, daraus 3, daraus 4, daraus 5, daraus 6.
- Derzeit verläuft die messbare technische Entwicklung exponentiell: Etwa alle zehn Jahre verdoppelt sich die Anzahl der wissenschaftlichen Veröffentlichungen. Schon seit den 1960er-Jahren verdoppelt sich auch alle 18 Monate die Anzahl von Transistoren auf Computerchips (Mooresche Regel).
- Wirft ein Bäcker für jedes süße Hefebrötchen eine Rosine in den Teig und knetet diesen ordentlich, so enthält beim Backen jedes e-te Hefebrötchen keine Rosine.

Emeritus: Professoren gehen nicht in Rente oder Ruhestand, sondern werden emeritiert (lat. *emeritus*: ausgedient). Das Wort bedeutet zwar nichts anderes als Ruhestand, meint aber auch, dass die meisten Forscher von ihrem Forschungsgegenstand noch lange beseelt sind und nicht davon lassen können. Darum verlieren Professoren im Alter von 65 Jahren alle Pflichten an der Universität, behalten aber gleichzeitig viele ihrer Rechte. Als die DDR aufgelöst wurde, gab es beispielsweise eine sehr scharfe Diskussion darüber, ob emeritierte Professoren, die ihre Kollegen beim Ministerium für Staatssicherheit (MfS, Stasi) angeschwärzt hatten, weiterhin das ihnen normalerweise zustehende »Emerituszimmer« behalten dürfen. In der Regel durften sie.

Das Emerituszimmer ist ein Raum, in dem jeweils ein Emeritus so lange weiterarbeiten darf, wie er möchte. Da alle Menschen – auch Emeriti – heute immer älter werden, gibt es mittlerweile Institute, in denen ebenso viele emeritierte Professoren sitzen wie forschender Nachwuchs.

et al.: von lat. *et aliis*, und andere; gemeint sind weitere Autoren einer Forschungsarbeit. Früher war die Forschungssprache nicht englisch, sondern Latein. Noch heute sind beispielsweise die Promotionsurkunden an konservativen deutschsprachigen Universitäten ausschließlich in lateinischer Sprache verfasst, (siehe Abbildung auf Seite 219) und Amtsträger sprechen sich mit lateinischen Titeln an, etwa den Rektor (Leiter der Universität) mit »Magnifizenz« (lat. *magnificentia*: Erhabenheit) und den Dekan (Leiter einer Wissenschaftsrichtung, beispielsweise der Rechtswissenschaften) mit »Spectabilis« (lat. *spectabilis*: ansehnlich, glänzend).

Exponentiell: siehe e.

Funding: von engl. *fund*, Kapital, hier im Sinne von »Finanzausstattung«. Fast alle Forschungsprojekte an Universitäten werden mit Geldern durchgeführt, die eine Forschungseinrichtung, die Universität oder Stiftungen auf Antrag zuteilen (oder auch nicht). Von diesem Geld werden Geräte und Gehälter der jüngeren Forscher bezahlt. Sie sind deswegen meist nur für wenige Jahre angestellt und müssen dann die Universität wechseln, es sei denn, es gibt neues Funding. In Deutschland nützt das allerdings oft nichts, denn die Universitäten fürchten, man könne die Arbeitsstelle vor dem Arbeitsgericht einklagen. Daher ist man gezwungen, nach einigen Jahren (meist nach fünf) die Universität zu wechseln.

Genotyp: Der auf der Erbsubstanz DNA festgelegte Teil der Information über den körperlichen und geistigen Aufbau eines Lebewesens. Umwelteinflüsse spielen aber eine große Rolle, sodass der Genotyp nicht allein ausschlaggebend für Aussehen und Geist ist. Siehe auch: Phänotyp.

Ig-Nobelpreis: Jährlich vom Team der Zeitschrift *Annals of Improbable Research* um den Mathematiker Marc Abrahams an der Universität Harvard in Cambridge (USA) verliehener Preis für Forschungsergebnisse, die »nicht wiederholt werden können oder sollen«. Der Name »Ig-Nobel« ist ursprünglich abgeleitet vom Neffen des Stifters des Nobelpreises: Ignaz Nobel bewies als Erster, dass zwei Luftblasen in Sprudelwasser niemals denselben Weg zur Oberfläche durchlaufen. Zufällig auch Lautähnlichkeit mit englisch *ignoble*, unwürdig.

Kochen: Altertümlicher Chemiker- und Biologen-Soziolekt*. Bis in die 1970er-Jahre ähnelte das Zusammenmischen von Chemikalien in Glasgefäßen, deren Erhitzen und das Rühren auf Kochplatten oft dem Kochen in der Küche. Nachkochen bedeutet, ein Experiment noch einmal durchzuführen oder eine Flüssigkeit gemäß einer Anleitung zu mischen. Heute sind die verwendeten Mengen und Gefäße meist so klein, dass der Begriff und dessen Ursprung langsam in Vergessenheit gerät.

Korrelations-Koeffizient (r): »Korrelation« ist das Fremdwort für »Zusammenhang«, Koeffizient bedeutet »Maßzahl«. Der Korrelations-Koeffizient gibt an, wie stark zwei Ereignisse miteinander zusammenhängen. Er wird mit einer Formel aus den Zahlen berechnet, die man im Versuch gemessen hat. Wenn zwei Merkmale im Versuch in gleichförmiger Weise miteinander zusammenhängen, beträgt deren Korrelations-Koeffizient $r = 1$.

Beispiel: Wenn ich auf meine Tastatur drücke, erscheint auf dem Bildschirm ein Zeichen. Drücke ich dreimal, so erscheinen drei Zeichen, achtmal: acht Zeichen, hundertmal: hundert Zeichen. Das heißt: Es besteht ein vollständiger, gleich bleibender Zusammenhang. Kürzer gesagt: $r = 1$.

Wissenschaftliche Begriffe

Q. b. f. f. f. q. s.

Sub auspiciis rectoris magnifici universitatis Coloniensis
Jens-Peter Meincke
doctoris iuris prudentiae
iuris civilis professoris
e decreto ordinis medicorum promotor legitime constitutus
Gerhard Richard Franz Krueger
decanus doctor pathologiae et immunopathologiae professor

viro doctissimo cui nomen est

Mark Benecke

patria Rosenheim

exhibita dissertatione

„Individualidentifikation biologischer Spuren mittels DNA-Typisierung unter besonderer Berücksichtigung von Urinproben: Experimentelle Darstellung und Etablierung zweier Simultanamplifikationen mit den humanen short tandem repeat (STR) DNA-Polymorphismen DHFRP2, D8S306 und CD4 sowie des Triplexsystems AmpFlSTR blue"

et examine die XXIV. mensis Novembris anni MCMXCVII

SUMMA CUM LAUDE

superato
doctoris rerum medicinalium gradum iura privilegia rite contulit.
Id quod publico hoc diplomate declaratur.

Coloniae Agrippinae die XXIV. mensis Novembris anni MCMXCVII

ordinis medicorum h. t. decanus

An ultrakonservativen Universitäten wird Latein als Sprache immer noch verwendet. Hier eine Doktorurkunde aus dem Jahr 1997, die das bizarre Zusammenleben dreier Sprachen zeigt.

Gegenbeispiel: Ich schreibe mir alle zehn Minuten auf, wie viele Vögel im Baum vor meinem Fenster sitzen. Gleichzeitig würfele ich eine Zahl. Hier gibt es nun keinen gleichförmigen Zusammenhang. Denn egal, welche Zahl ich auch würfele – die Anzahl der Vögel hängt nicht damit zusammen. Es besteht kein gleichförmiger Zusammenhang, also: $r = 0$.

Die beiden r-Werte null und eins treten im Labor selten auf, weil es sich dann um so offensichtliche Zusammenhänge handelt, dass man sie gar nicht überprüfen muss.

Im Labor sind Korrelations-Koeffizienten ab ungefähr $r = 0{,}5$ interessant; als wirklich brauchbar gelten meist aber erst Werte über $r = 0{,}8$.

Achtung: Selbst wenn es einen beweisbaren mathematischen Zusammenhang – also einen hohen Korrelations-Koeffizienten (etwa $r = 0{,}9$) gibt, heißt das nicht, dass der Zusammenhang auch Ursache und Wirkung verbindet. Siehe dazu: Storchproblem und p.

Linear (siehe: nicht-linear).

Luminol: Kurzbezeichnung für eine in Wasser gelöste Mischung verschiedener Chemikalien, darunter auch das eigentliche Luminol. Dient der Erkennung von Zerfallsvorgängen und indirekt auch der Erkennung von Blut. Details einschließlich Versuchsanleitung, Formeln und physikalischen Details unter: http://www.benecke.com/luminol.html

n: von engl. *number*, Anzahl. Beispiel: $n = 50$ bedeutet, dass 50 Erbsen, 50 Menschen oder 50 Lampen untersucht wurden. Oder es wurden 50 Messungen, etwa mit einem Lineal, aufgeschrieben. n bedeutet also einfach: »Anzahl von …«.

Nerd: Ein intelligenter, aber kauziger, im Kontakt mit der Umwelt oft stiller Mensch. Ursprünglich abgeleitet vom englischen Wort für »Streber«, weil man diese Menschen früher für übertrieben ehrgeizige Schüler hielt. Das stimmt aber nicht, es ist bloß so, dass sich Nerds manchmal auch mit in der Schule behandelten Themen gern sehr innig beschäftigen. Ebenso oft tun sie dies aber nicht und sind darum nur in bestimmten Schulfächern besonders gut.

Schon seit etwa zehn Jahren wandelt sich die unrichtige Wahrnehmung: Max Goldt beschreibt Nerds als Menschen, die früher gern auf dem elterlichen Küchentisch gelötet haben, heute an Computersoftware tüfteln, ihren Körper nicht richtig beherrschen und Sex für lästig halten.

Seit etwa 2001 hat sich die Wortbedeutung wiederum verändert. Heute steht der Begriff »Nerd« laut Klaus Fehling für »jemand, der etwas ganz allein, ohne die Hilfe anderer, beherrschen kann«.

Anstelle von »Nerd« wird auch das Wort »Geek« benutzt, das sich aber eher auf reine Computertüftler bezieht.

Neurotizismus: Mit psychologischen Testmethoden ermitteltes Maß für die Wankelhaftigkeit der Gefühle eines Menschen (neurotische Tendenzen). Je größer der Wert für Neurotizismus ist, desto eher wird ein Mensch bei Belastung ängstlich, unzufrieden, übermäßig besorgt oder entwickelt Symptome eingebildeter Krankheiten.

Nicht-linear: Meist erkennen wir als Menschen nur einfache, direkte Zusammenhänge. Zum Beispiel: a) Je mehr Tassen Kaffee ich trinke, umso häufiger muss ich zur Toilette. b) Je höher ich die Heizung drehe, desto wärmer wird es. c) Je stärker ich aufs Gas trete, desto schneller fährt das Auto. Wie Autofahrer wissen, fährt das Auto aber nur anfangs wirklich immer schneller, während es ab einer Geschwindigkeit von beispielsweise 150 km/h zwar immer noch schneller wird, dies aber langsamer als vorher. Das alles sind Zusammenhänge, die wir im Alltag wahrnehmen und verstehen können. Sie heißen linear, weil sich diese Beziehungen mit einer vielleicht leicht gekrümmten, aber stets ungeknickten Linie darstellen lassen.

Anders verhält es sich mit den in der Natur viel häufiger auftretenden nicht-linearen Erscheinungen. Diese können wir nur mit mathematischen Methoden beschreiben, unserer Alltagswahrnehmung entziehen sie sich. Zum Beispiel: Hängen sie einen Stein an einen Faden und berühren sie ihn mit dem Finger. Auch wenn sie genau die Stärke und Richtung ihres Anstoßes messen, kann niemand vorhersagen, in welche Richtung sich das Steinchen in 15 Sekunden bewegt.

Dieses einfache Modell zeigt, dass fast alle Ereignisse in der Natur unvorhersehbar sind. Weil kein Zusammenhang besteht, den man mit einer einfachen, ungeknickten Linie beschreiben kann, nennt man dies nicht-linear.

p: von engl. *probability*, Wahrscheinlichkeit. Der Wert p wird mit einer Formel aus den im Versuch ermittelten Zahlen berechnet. Er gibt an, wie sicher ein wissenschaftlich gewonnenes Ergebnis ist. Je kleiner der p-Wert, desto aussagekräftiger sind die Ergebnisse der Untersuchung.

Beispielsweise bedeutet p = 0,05 (= fünf Prozent), dass eine Untersuchung mit einer Wahrscheinlichkeit von fünf Prozent nur zufällig oder irrtümlich die beobachteten Ergebnisse erbracht hat. Es bedeutet auch, dass die Untersuchung mit einer Wahrscheinlichkeit von 95 Prozent nicht auf zufälligen Irrtümern beruht.

Viele Forschende haben sich weltweit auf die ungeschriebene Fünf-Prozent-Hürde als brauchbaren Wert für mögliche Irrtümer ihrer Untersuchungen geeinigt. Das bedeutet, dass eine von 20 (also fünf Prozent) solcher Untersuchungen eine irrtümliche Schlussfolgerung nach sich ziehen kann. Techniker setzen den p-Wert für hochsignifikante Ergebnisse deshalb lieber bei 0,001 an; Biologen sind oft schon mit dem zehnfach »schlechteren« p-Wert 0,01 zufrieden, weil auf ihre Versuche mit Lebewesen mehr Umwelteinflüsse einwirken als auf viele unbelebte Objekte.

Beispiel aus der Kosmetik: 100 Menschen verwenden einen Monat lang täglich eine Anti-Falten-Creme, 100 andere verwenden gleichzeitig eine andere Creme. Niemand, auch nicht diejenigen, welche die Cremetuben austeilen, weiß, wer welche der beiden Cremesorten erhalten hat. Das weiß nur die Versuchsleitung, sagt es aber niemandem (»doppelt blinde Untersuchung«).

Zu Beginn der Untersuchung und erneut nach einem Monat fleißigen Cremens misst man die Tiefe der Falten. Wie zu erwarten, verändert sich die Tiefe der Falten kaum. Das ist aber schlecht für den Verkauf, besonders, wenn man wohlklingende Testergebnisse in der Werbung mitteilen möchte.

Abhilfe schafft ein wenig Spielerei mit dem p-Wert. Setze ich die Irrtumswahrscheinlichkeit p auf zum Beispiel fünf Prozent fest, so zeigt sich wie erwartet keine aussagekräftige Veränderung der Faltentiefe. Daher erlaube ich mir nun einfach eine Irrtumswahrscheinlichkeit von 40 Prozent. Das kann mir niemand verbieten, obwohl es wissenschaftlich untragbar ist. Nun erhalte ich auf einmal das von der Werbeabteilung gewünschte »in unseren Labors bewiesene« Ergebnis.

Wenn dieses p-Gepfusche auch nicht hilft und die Falten trotz allen Wünschens nicht flacher werden, gibt es noch zwei weitere Tricks. Sie können sie in den Anzeigen großer deutschsprachiger Frauenzeitschriften häufig finden.

Methode 1: Es ist ein schön klingender Wert angegeben, meist eine krumme, wissenschaftlich klingende Zahl: 47 Prozent Faltenverringerung. Liest man im winzig Kleingedruckten nach, so steht dort als Erklärung, dass dies der Anteil der Versuchspersonen ist, die der *Meinung* sind, dass ihre Falten flacher geworden sind. Dass Meinungen und Tatsachen aber nicht übereinstimmen müssen, wird bewusst verschleiert. Das gilt besonders dann, wenn Menschen gratis und wochenlang professionelle Gesichtspflege erhalten – gewiss »strahlen« sie danach, »fühlen sich sauwohl« oder »könnten sich vorstellen«, dass die Falten nun weniger tief sind. Bloß ist das nicht mit dem Lineal messbar.

Methode 2: O-Ton: »Sichtbare Faltenmilderung *bis zu* minus 64 Prozent«. Auch hier handelt es sich um einen unverschämten Trick. Denn erstens könnte es sein, dass irgendeine der befragten Personen (so wie beispielsweise auch ich) nicht gut schätzen kann; dieser unsinnige Wert wird nun aber angegeben. Zweitens könnte eine VP* trockene Haut gehabt haben, die durch die Creme nun einfach aufquillt. Jetzt hat die Faltentiefe, zumindest im Spiegel, abgenommen. Mit Sicherheit handelt es sich bei den »minus 64 Prozent« um einen solchen Extremwert oder »Ausreißer«. Das geben die Werber sogar zu, wenn sie (natürlich klein gedruckt) ein »bis zu« hineinschummeln.

Dasselbe Geschiebe funktioniert auch im Unguten, wenn man beispielsweise beweisen möchte, dass Handys Krebs verursachen, Fernsehen dumm macht oder Kaffeetrinken Herzinfarkte bewirkt. Es kommt zudem darauf an, welchen statistischen Test man überhaupt verwendet. Glauben Sie also keiner Statistik, wenn Ihnen die Originalzahlen und die Testmethode unbekannt sind.

Paper: von engl. *paper*, Papier; hier: Wissenschaftlicher Artikel in einer Zeitschrift, der zuvor von Fachkollegen geprüft wurde (engl. *peer review**).

Peer review: Durchsicht, Vorabkontrolle und Entscheidung über Annahme oder Ablehnung eines wissenschaftlichen Artikels durch fachlich gleichstehende Personen.

Phänotyp: Das endgültige Aussehen und Auftreten eines Lebewesens. Einfluss darauf nimmt einerseits die DNA mit dem Genotyp*, andererseits die Umwelt, beispielsweise die Ernährung und gelerntes Verhalten.

ppm (engl. *parts per million*): Gibt nicht wie sonst üblich ein Gewicht, sondern ein Verhältnis an. 4,3 ppm Kohlenmonoxid (chemische Formel: CO) bedeutet bei Rauchenden: Die ausgeatmete Luft enthält 4,3 Teile Kohlenmonoxid in insgesamt einer Million Teile Atemluft.

Je mehr man raucht, desto mehr Kohlenmonoxid aus dem Zigarettenqualm bindet sich an den roten Blutfarbstoff. Deswegen atmen Raucher mehr CO aus.

Um das zu beschreiben, bietet es sich an, anstelle des ohnehin sehr niedrigen Gewichtes des CO einfach dessen Menge im Verhältnis zu einer Million Teilen anzugeben.

Backt man hingegen einen Kuchen, so ist die Angabe ppm sinnlos. Hier ist es praktischer, Gewichte oder Mengen (drei Eier, 500 Gramm Mehl) anzugeben.

Wenn man möchte, kann man aber ppm in Gramm umrechnen und umgekehrt.

r: Maß für den Korrelations-Koeffizienten*.

Signifikant: Errechnete Angabe darüber, wie aussagekräftig eine Untersuchung ist. Die Signifikanz sagt zugleich aus, wie groß die Chance ist, dass scheinbar »gesicherte« Ergebnisse in Wirklichkeit nur durch Irrtum oder Zufall entstanden sind. Für die Signifikanz wird der Buchstabe p* benutzt.

Soziolekt: Die Sprachweise einer Gruppe, die von deren Mitgliedern problemlos, von anderen möglicherweise aber nicht verstanden wird. Beispiele: Jugendsprache (»DVD gucken«), Ruhrgebietsslang (»labberig«), Laborkauderwelsch (»das Gel hat Smileys«) usw.

Standardabweichung: Führt man mehrere Messungen der gleichen Art durch, so schwanken die Ergebnisse. Beispiel: Wie viele Fußgänger laufen heute Mittag zwischen 12 Uhr und 12.10 Uhr, gezählt pro Minute, in der Einkaufsstrasse vor meinem Fenster vorbei (siehe Tabelle unten)?

Die Standardabweichung gibt in Form eines Plusminus-Wertes diese Schwankungen in rechnerisch bearbeiteter Form an. Wenn sich Standardabweichungen überlappen, kann das bedeuten, dass es sich nicht um eine aussagekräftige Beobachtung handelt:

Man sieht in der rechten Spalte der Tabelle, dass sich mittags und am frühen Nachmittag die Anzahl der Fußgänger im

Uhrzeit	*Anzahl Fußgänger*	*Standardabweichung pro Minute*	*rechnerische Spanne*
12.00–12.30 Uhr	31	plusminus 6	25–37
14.00–14.30 Uhr	27	plusminus 5	22–32
22.30–23.00 Uhr	15	plusminus 5	10–20

Bereich der Standardabweichung überlappen. Abends laufen hingegen deutlich weniger Fußgänger als Mittags am Fenster vorbei.

Es juckt mich aber trotzdem in den Fingern, ein bisschen weiter zu zählen. Dabei vergrößert sich die Stichprobe (die Anzahl der gezählten Fußgänger). Eine große Stichprobe* bewirkt nach Anwendung der Formel für die Standardabweichung oft ein eindeutigeres Ergebnis mit einer kleineren Standardabweichung.

Viele von Ihnen würden jetzt sagen, dass die Sache doch kristallklar ist: Mittags laufen mehr Fußgänger am Fenster vorbei als abends – fertig. Unsereiner ist aber auch bei scheinbar eindeutigen Ergebnissen gern skeptisch und prüft lieber alles mehrmals nach. Deshalb empfinden viele Menschen Naturwissenschaften auch als langweilig. So empfinden wir das nicht – die Schönheit liegt für uns in der Aufklärung der untersuchten Frage, nicht in den Zahlenreihen. Sie sind nur Mittel zum Zweck, so wie der Schneebesen für einen Koch oder ein Keilriemen für Autofahrer.

Stichprobe: Wenn die Anzahl von Messungen (das heißt die Stichprobe) zu klein ist, schleichen sich oft zufällige Häufungen und Fehler ein.

Beispiel: Notiere ich die Haarfarbe von fünf Engländern, so kann mein Endergebnis lauten: »60 Prozent der Engländer haben schwarze Haare.« Diese Aussage ist wissenschaftlich falsch, obwohl die reine Berechnung (drei von fünf hatten schwarze Haare) stimmt. Es muss stattdessen heißen: »60 Prozent der fünf untersuchten Engländer hatten schwarze Haare.« An der niedrigen Anzahl von Messungen erkennt nun jeder, dass dem Ergebnis nicht zu trauen ist und weitere Messungen notwendig sind (siehe auch: n und p).

Storchproblem: Je mehr Störche in einem Dorf leben, desto mehr Kinder werden dort geboren. Das stimmt zwar, beweist aber nicht, dass der Storch die Kinder bringt. Anders gesagt: Der Storch ist trotz der wissenschaftlich richtig beobachteten Zahlen nicht die Ursache der Kinder, obwohl ein abergläubischer Mensch das guten Gewissens behaupten kann. Um ihn zu widerlegen, muss man die wirkliche Ursache herausfinden: In größeren Dörfern leben erstens mehr Familien (folglich mehr Kinder), und es gibt zweitens mehr Nistmöglichkeiten für Störche (also mehr Störche).

Storchprobleme sind häufig unauflösbar, vor allem dann,

- wenn die falsche Zuordnung einer eingebildeten (und zahlenmäßig scheinbar bewiesenen) »Ursache« dem Wunsch oder Glauben der Forscher entspricht (Beispiel: »Alkohol verursacht sozialen Abstieg«) oder
- wenn viele Umwelteinflüsse auf die Messungen einwirken, sodass nicht alle davon berücksichtigt werden (Beispiel: »In diesem Maulwurfgebiet messe ich Feuchte, Wind, Tageslänge, die Zusammensetzung der Erde und die Anzahl der Maulwurfbabys. Der Sonnenstand wird aber wohl egal sein.«).

Siehe auch: Korrelations-Koeffizient.

Substrat: Hier jede Art von Unterlage oder Trägermaterial, in dem sich Lebewesen aufhalten und heranwachsen können, beispielsweise Rindenstückchen oder Erde.

THC (Tetra-Hydro-Cannabiol), einer der beiden wichtigsten berauschenden Wirkstoffe aus Haschisch und Marihuana. THC entsteht meist erst durch Erhitzen der Ausgangsstoffe auf über

100 Grad Celsius und ist vor allem in Fett löslich. Daher auch die eigentümlichen Zubereitungsweisen in heißen Tees mit Sahne, brennendem Rauchwerk, Schokotorten usw.

Ventral: »bauchwärts«, von lat. *venter*, Bauch. Der Gegensatz ist dorsal: von lat. *dorsum*, Rücken: »rückenwärts«, »zum Rücken hin«.

Vortex: von engl. *vortex*, Strudel, Wirbel. Ein in allen Laboratorien vorhandenes Rührgerät (Beispiel für Labor-Soziolekt*). Das Gerät enthält einen kreisförmig bewegten Magneten. Stellt man darauf ein Gefäß mit einer Flüssigkeit, in die ein kleiner (beschichteter) Magnet geworfen wird, so dreht sich dieser (»Rührfisch«) auf dem Boden und durchmischt die Flüssigkeit.

VP: Abk. für Versuchsperson(en). Ohne Grund wird das Kürzel VP sowohl für die Einzahl als auch für die Mehrzahl verwendet.

WEITERFÜHRENDE LITERATUR
(KLEINE AUSWAHL)

Krämer, Walter: *Denkste! Trugschlüsse aus der Welt der Zahlen und des Zufalls*. München 1998.
Randow, Gero von: *Das Ziegenproblem*. Reinbek b. Hamburg 2004.

VERÖFFENTLICHUNGEN DES AUTORS (AUSWAHL)

1995: »Vom Schneck zum Schreck. Der Gruselautor Edgar Allan Poe schrieb zuerst ein wissenschaftliches Schneckenbuch«. In: *Die Zeit*, 10/1995, S. 28.

1995: »Verräterische Muster. Erbgutanalysen helfen Kriminalisten, Künstlern, Kuratoren und Kohlmeisenforschern«. In: *Die Zeit*, 20/1995, S. 43.

1995: »Was ist ein genetischer Fingerabdruck?« In: *Die Zeit*, 20/1995, S. 43.

1996: »Ungewollte Strangulation durch ein Fahrzeug. Der Tod von Isadora Duncan«. In: *Rechtsmedizin*, 7, S. 28 f.

1997 (zus. mit S. Hasenbach / A. Kurtz / S. Meier / C. van Heumen / R. Zey): *Lexikon der Forscher und Erfinder*. Reinbek b. Hamburg: Rowohlt.

1998: *Der Traum vom ewigen Leben. Die Biomedizin entschlüsselt das Rätsel des Alterns*. München: Kindler Verlag.

1998: »Nie wieder nasse Bücher. Überflüssig aber nützlich. Unpatentierbare Chindogus machen die Welt schöner«. In: *taz*, 8.6.1998, S. 20.

1998: »Spinne im Salat. Insekten sind nahrhaft, eiweißreich und preisgünstig. Drei Kochbücher helfen bei ihrer Zubereitung«. In: *Die Zeit*, 44/1998, S. 53.

1999: *Kriminalbiologie*. Bergisch Gladbach: BLT 1999.

1999: »Manche Tote leben länger. Lenins Leiche erzählt die Geschichte russischer Präparierkunst. Von ihr profitieren heute übel zugerichtete Mafiosi«. In: *Die Zeit*, 5/1999, S. 29.

2000: »Ein Gen namens I'm not dead yet (indy) (Alterungsgene). Der wissenschaftliche Kampf ums Ewige Leben, noch einmal von vorne betrachtet«. In: *Süddeutsche Zeitung*, 297/2000, S. V2/11, 27.

2000: »Patente Unternehmer. US-Patentbehörde erteilt Ideenschutz, ohne die Erfindungen zu prüfen«. In: *Skeptiker*, 1/2000, S. 40 f.

2001: »A Brief History of Forensic Entomology«. In: *Forensic Science International*, 120, S. 2–14.

2001: »Bigfoot auf Asiatisch. Wie zottelige Affenmänner immer wieder auferstehen und zuletzt in Indien gar eine Massenhysterie auslösten«. In: *Süddeutsche Zeitung*, 144/2001, S. V2/11.
2001: »Das sind keine Sachen, das sind Menschen. Professionelle Distanz ist für Kriminalbiologen eine zwingende Notwendigkeit. Bei den Gerichtsmedizinern von Manhattan bricht dieser Abwehrmechanismus zusammen«. In: *Frankfurter Allgemeine Sonntagszeitung*, 21.10.2001, S. 65.
2001: »Endlich Ruhe im Sarkophag. Das Ende des Pharaonenfluchs: Schimmelpilz oder Aberglaube, das ist hier die einzige Frage«. In: *Süddeutsche Zeitung*, 213/2001, *SZ am Wochenende*, S. III.
2001: »Geheimnisvolles Leben im Rechner. Auch Computer sind Lebensräume. Skizze eines unbekannten Zweigs der Bioinformatik«. In: *Frankfurter Allgemeine Sonntagszeitung*, 47/2001, S. 66.
2001: »Geliebte mit hunderttausend Volt. Die wachsende Gemeinde der Mastfreunde preist die tragisch verkannte Schönheit von Überlandkabelträgern«. In: *Die Zeit*, 29/2001, S. 30.
2001: »Scientific Dining: FBI Academy's Dining Hall, Quantico, Virginia«. In: *Annals of Improbable Research*, 7 (4), S. 19 ff.
2001: »Spontane menschliche Selbstentzündung. Ein Kriminalbiologe auf heißer Spur«. In: *Skeptiker*, 13, S. 216–219.
2001: »Verfängliche Linien. In den USA ist ein bizarrer Streit über die Beweiskraft des Fingerabdrucks entbrannt«. In: *Süddeutsche Zeitung*, 11.9.2001, S. V2/10.
2001 (zus. mit F. Fehling): »Künstliche Intelligenz. Sieh mich, hör mich, fühl mich – und schalt mich aus!« In: *Süddeutsche Zeitung*, 198/2001, S. 19.
2002: »Kaspar Hausers Spur führt wieder ins Fürstenhaus. Neue genetische Untersuchung stärkt die Theorie, dass das berühmte Findelkind doch dem Hause Baden entstammte«. In: *Süddeutsche Zeitung*, 194/2002, S. 10.
2002: *Der Traum vom ewigen Leben. Die Biomedizin entschlüsselt das Rätsel des Alterns.* Leipzig, Reclam.
2002: *Mordmethoden. Ermittlungen des bekanntesten Kriminalbiologen der Welt.* Bergisch Gladbach: Lübbe Verlag.
2002: »Wunder des Insektenflugs. Nicht nur zum Fliegen sind sie da«. In: *Frankfurter Allgemeine Sonntagszeitung*, 24./25.6.2002, S. 67.
2002 (zus. mit M. Moser / M. Trepkes / N. Spauschus): »Milzbrand-Briefe – eine neue Waffe des Terrorismus?« In: *Kriminalistik*, 56, S. 112–116.

2003: »So blaue Augen. Die Niederlande erlauben eine neue Form von Verbrecherjagd mit DNS-Spuren«. In: *Süddeutsche Zeitung*, 58/2003, S. V2/9.
2004: »Das Blutwunder von Neapel«. In: *Skeptiker*, 3/2004, S. 114 bis 117.
2004: »Das geht unter die Haut. Der Insektenwahn hat manchmal eine ganz natürliche Erklärung: Springschwänze«. In: *Die Zeit*, 40/2004, S. 46.
2004: »Schabenfreude. Fauchschaben als Haustiere«. In: *SZ Magazin der Süddeutschen Zeitung*, 26/2004, S. 33.
2004: »Selige DNA-Analyse. Rechtsmediziner überprüfen ein christliches Wunder«. In: *Süddeutsche Zeitung*, 33/2004, S. 9.
2004: »The Nose of Tycho Brahe«. In: *Annals of Improbable Research*, Bd. 10, Juli/August 2004, S. 6 f.
2004 (zus. mit K. Greiner): »Sticht! Mücken-Quartett. Ein Insekten-Kartenspiel«. In: *Neon*, 8/2004, S. 106 f.
2005: Vorwort zu *Medical Detectives*. Köln: vgs Verlag.
2006: Schwerpunktartikel »Genetischer Fingerabdruck«. In: *Der Große Brockhaus*. Leipzig: F. A. Brockhaus [in Druck].

REGISTER

Abengowe, C. 145
Abrahams, Marc 12, 214, 218
Abramson, Ian 167
Academic Emergency Medicine 107
Accident Analysis & Prevention 200
Achselschweiß 120
Aga-Kröte (s. Bufo marinus)
Agger, J. 113
Aggression 76, 126 f.
Aggressive Behavior 80
Aggressive Musik 126 f.
Aids 94, 169, 175
AIR (s. *Annals of Improbable Research*)
Aktien 114 f.
Alakija, Wole 143 f.
Albert-Einstein-College für Medizin, New York 207
Alberta (Universität) 154
Alkohol 19, 146 ff., 196, 228
Alpines Museum, München 72 f.
Ameisen 133
American Midland Naturalist, The 152
Amnesie 108, 110
Annalen der Chemie und Pharmacie 214
Annalen für Gewerbe und Bauwesen 214
Annalen fuer Ornithologie 214
Annals of Improbable Research (AIR) 6, 11 f., 152, 168, 173, 177, 184, 214, 218, 232 f.
Annals of Sex Research 157
Antioxidantien 201 ff., 214
Anzahl Sexualpartner 15 ff.
Apnoe 19
Applied Animal Behavior Science 113
Applied Ergonomics 100
Aquarien- und Terrarienzeitschrift, Die (DATZ) 197
Arbeitsfriede 122
Arbeitsplatz 124 f.
Arizona (Universität) 79
Arnould, Cecile 96 f.
Auld, M. Christopher 146 ff.
Autan 120

Baculum (s. Penisknochen)

Baerheim, Anders 195, 197
Bain, Jerald 153-157
Bakterien 53, 67, 93, 216
Barks, Carl 90 ff.
Baseball-Kappen 168, 171, 175
Baumfrösche (s. Smilisca paeota u. Smilisca sordida u. Hyla rufitela)
Bazillen 104
Beebe, Gilbert W. 155
Bell, Jonathan 64
Benecke, Mark 121, 173, 185, 197
Benin (Universität) 143
Bergen (Universität) 194
Berkeley (Universität) 65
Bernoulli, Daniel 25
Bernoulli-Effekt 26 ff.
– bei Duschvorhängen 22
– bei Flugzeugen 25 f.
– bei Stimmlippen 28
– beim Fußball 27
– beim Tennis 27
– beim Tischtennis 27
Bernoulli-Unterdruck 22, 24-28
Beschleunigung 98, 179 ff.
Bier 195, 203
Bierschaum 67-70
BILD-Zeitung 108
Biochemie 201
Biologie 32, 36, 38, 131, 210
Biomedizin 202, 231 f.
Biorhythmus 169
Biostatistik 166
BJU (British Journal of Urology) International 157
Blake, Randolph 160 f.
Blut 19, 120 f., 194, 220, 225
Blutegel (Hirudinee) 194-197
Body-Mass-Index 19
Bond, James 205 f.
Bondil, Pierre 155
Borellien 53
Börsenhandel 114 f.
Bowman, R. K. 95
Brisbane (University of Queensland) 81 ff.
British Food Journal 64

British Journal of Psychology 88
British Medical Journal 197, 203
Brooke, A. 175
Browne, Elisabeth 64
Brucella spec. 53
Bufo bufo (Erdkröte) 151
Bufo marinus (Aga-Kröte) 149 ff.
Burke, K. (Psychiater) 74 f.
Burns, Ryan 137 ff., 141 f.

Calgary (Universität) 146, 148
Calpin, James 20 f.
Cambridge (engl. Universität) 15
Campus 171, 214
Casino Royale 205 f.
Cellucci, Christopher 207, 210
Cerverí de Girona 93
Chait, L. (Psychiater) 74 f.
Charakteristische Fraktaldimension (CFD) 208
Charge 69, 215
Chartrand 203
Chemie 38, 71, 178, 214
Chemikalien 215, 218, 220
Cherkas, L. 89
Chicago (Universität) 35, 75
Chow, Mun-Bing 176
Christopher, N. 157
Circulation 167
Cleveland, Mark 64
Colapietro, G. 95
Colostethus nubicola (Raketenfrosch) 150
Columbia-Universität, New York 15, 57
Cookies 38 f.
Cornell-Universität 185
Corticosteroide 52
Cosio, M. 29, 31
Crème fraîche 195
Cydulka, Rita 107

Dalton, Bryan 85
Daly, Nicola 123
Darefsky, Amy 60
Davies (Universität) 41
Davies, Gary 64
DeAngelo, Leanna 104-107
Deseret Morning News 174
Detterman, Douglas 108, 110
Dewhurst, Donna 129
Dexel University, Philadelphia 207
DFG (Deutsche Forschungsgemeinschaft) 97, 215
Dholakia, Ruby 63
Diana, Lady Diana Spencer 105 f.
Dilorenzo, Thomas 20 f.
Dim Sum 162
Ding Cong 193

Divino, Maria 176
DNA 88, 217, 225, 233
Dodecan-Säure 97
Donaldist, Der 92
Doppelt blinde Untersuchung 223
Dorsal 215, 229
Dorsey, Steve 107
Drees, Wolf 114
Drogen 19, 74, 146 f.
Dummheit u. Selbstüberschätzung 185-191
Duncan, Ian 111, 113
Dunning, David 185, 188, 190
Durchflussrate 82
Duschvorhänge 22 ff., 26
Dusternus (Professor) 91

e (Eulersche Zahl) 65, 215, 217
eBay 47 f.
Echolalie 55
Echsen 151
Edgeworth, Ron 85
Edwards (Luftwaffengelände) 178 f., 184
Ehe 61, 101 f.
 – Langlebigkeit 57 ff.
 – Shopping 61-64
Eheformel 101 ff.
Eheliche Todsünden 103
Ehepartner 57 ff., 62, 101
Einemsen 133
Einstein, Albert 196
Eisenberg, T. 151
Eisentraut, Martin 131 ff.
Eizelle 128
Elektroschocks 76
Elementarteilchen-Physik 69
Ellis, Norman 108, 110
Emeritus 216
Emerman, Charles 107
Enquist, Magnus 117 ff.
Erdanziehungskraft (g) 38, 180 f.
Erdkröte (s. Bufo bufo)
Erlangen (Uniklinik) 18
Ernährung 37, 225
Erreger 53, 104-107
Erziehung 101, 213
et al. 217
E-Test 143
Ethnologie 173
Euler, Leonhard 215
Eulersche Zahl (s. e)
European Journal of Physics 68, 70, 85
Evolution and Human Behavior 33
Ewans, Richard 155
Exponentieller Vorgang 67-70, 215 ff.
Express 126
Eysenck, Hans Jürgen 86 ff.

Faber, Donald 207, 210
face threatening act (FTA) 122
Fallschirmspringen 134 ff.
Fantasie-Erreger 104, 106
Farmer, Doyne 114, 116
Fehling, Klaus 221
Fehlverteilung 16
Ferguson, Steven 130
Fettsäure 97, 121
Ficker, Joachim 18 f.
Fisher, Len 38 f.
Fledermäuse 151
Fleming, Ian 205 f.
Fließgeschwindigkeit 81 f., 84
Flughistorie 178
Förster, Gabi 38
Fortpflanzungsfähigkeit 32, 36
Fraps, Thomas 196
Frauenbild 137 f., 140 f.
Fressaktivität 97, 209
Frettchen 151
FTA (s. *face threatening act*)
Fuchs, Erika 90, 92
»Fuck« 122 f., 126
Führerschein 143
Funding 24, 147, 217
Fuß, Lisa 105
Füße 55, 93 f., 153 f.
Fußfetischismus 93 ff.

g (s. Erdanziehungskraft)
Gas-Chromatogramm 97
Geburt 15, 162
Geburtstag 165 f.
Gedächtnisforschung 109
Gedächtnis-Ungenauigkeit 17
Gedächtnisverlust durch Nackte 34, 108 ff.
Geek 221
Gefäßverkalkung 203
General Society Survey (GSS) 35, 147
Genotyp 117, 217, 225
George-W.-Bush-Witze 88
Geräusche 158-161
Gerichtsjury 173, 186
Gerichtsverhandlung 173
Geruchskarte 71 ff.
Gesicht 117, 119, 174, 180
 – Symmetrie d. G.s 37, 117 f., 158
Gesichtspflege 223 f.
Getränkeautomat 29 ff.
Ghirlanda, Stefano 117, 119
Gianni, A. J. 95
Giftkunde 201, 209
Gin 201, 203 f., 206
Glaser, Friedrich Carl 214
Gleichberechtigung 62, 137
Glied (s. Penislänge)

Goldfische 207-210
Goldt, Max 221
Gonorrhö (s. Tripper)
Gosling, Samuel 125
Gottman, John M. 101 ff.
Graubrauner Baumfrosch (s. Smilisca sordida)
Grauer Star 203
Greenberg, Jeff 80
Griffin, M. J. 100
Grizzlybären 44-49
Grizzlybären-Schutzanzug 12, 45, 47
 – Ursus Mark V 45 f.
 – Ursus Mark VI 45 f., 48
 – Ursus Mark VII 46, 48
Guinness 195
Guinness Book of Records 48

Hadden, W. A. 136
Hade, Erinn 165 f.
Hahn, Eckhart 18 f.
Hallé, Jean-Noël 71
Halpern, Lynn 160 f.
Hardrock 126 f.
Harms, Klaus 90, 92
Harvard-Universität 11, 44 f., 218
Haschisch 228
Hasler (Forscher) 53
Hayward, R. A. 100
Hemenway, David 198, 200
Hermle, Thomas 204
Herr der Ringe 122
Herschbach, Dudley 44
Hikmet, Neset 63
Hillenbrand, James 160 f.
Hirst, Maurice 201, 203
Hirudinee (s. Blutegel)
Hitler, Adolf 105
HIV 170
Hochberg, F. 89
Hochzeit 162 f.
Holmes, Janet 5
Holmes, Sherlock 5
Honecker, Erich 191
»Hot Sauce Allocation«-Methode 76, 78 f.
Hühner 86, 111 ff., 117 f.
Human Nature 119
Humor 44, 86-89, 126, 139, 182, 186 ff., 191, 193
 – affektiv 86 ff., 191
 – kognitiv 86 ff., 191
 – konativ 86 ff., 191
Hunde(kot) 96 f.
Hurst-Exponent (HE) 208 f.
Hurtubise, Troy 44 ff., 48 f.
Hutter, Michael 105
Hyla rufitela 150

Ig-Nobelpreis 11 f., 44, 60, 66-69, 71, 73, 85, 88, 92, 103, 113, 115, 121, 130, 141, 144, 148, 157, 190, 200, 210, 214, 218
- Biologie (1996) 196
- Biologie (2000) 152
- Ingenieurwissenschaften (2003) 184
- Interdiziplinäre Forschung (2003) 19
- Literatur (2003) 175
- Physik (1999) 39
- Physik (2001) 24
- Physik (2002) 70
- Sicherheitsingenieurswesen (1998) 12, 48 f.
- Wirtschaft (2001) 164

Ig-Nobelpreiskomitee 18, 29, 68, 135, 161
Igel 131 ff., 151
Illinois (Universität) 158
Individualität bei Goldfischen 207-210
Indol 97
Institute of Sound and Vibration Research 98
Institute Pasteur, Paris 207
International Journal of Retail and Distribution 63 f.
International Journal of the Care of the Injured 136
Inzucht 37
Irrtum 191, 202, 223, 226

Jacobsen, Peter 90, 92
Jacquin, Nikolaus Joseph Baron v. 56
Jansson, Liselotte 117, 119
Jarvinen, Jason 167
Jobzufriedenheit 65 f., 88
Journal of Applied Psychology 66
Journal of Consumer Marketing 64
Journal of Experimental Biology 210
Journal of Experimental Psychology 110
Journal of Forensic Science 31
Journal of Health Psychology 107
Journal of Human Resources and Department of Economics Discussion Paper 148
Journal of Neuroscience , The 43
Journal of Personality and Social Psychology 125, 127, 190
Journal of Pragmatics 123
Journal of the American Medical Association 31, 166
Journal of the Society of Occupational Medicine 144
Journal of Vector Ecology 121
Judge, Timothy 66

Kaffee 38, 46, 221, 224
Kanazawa, Satoshi 32-36
Karbo-Anhydrase 40
Karlsruhe (Naturkundemuseum) 90

Käse 52 f., 120 f.
Kasl, Stanislav 60
Kaswell, Alice Shirell 177
Katzen 151
Kaubewegung 131
Kaufverhalten (s. a. Ehe-Shopping) 61 ff.
Kaulquappen 112, 149-152
Kekse (s. Cookies)
Keime (s. Erreger)
Killer Pop Machines (s. Getränkeautomat)
Kinderpsychiatrie 20
Kline, Daniel 120 f.
Klum, Heidi 117
Knoblauch 195 f.
Kochen 67, 218
Kohlendioxid 40, 42
Kohlenmonoxid (CO) 75, 225
Kohlensäure 40 ff.
Komik 87
Kommunikationsforschung 138, 158
Kontrollvermögen 66, 221
Kopczuk, Wojciech 162 ff.
Koprolalie 55
Korn, Henri 74, 207, 210
Körpergröße 91, 153 f.
Korrelations-Koeffizient (r) 88, 102, 119, 154, 186, 208, 218, 220, 225, 228, 231
Krafft-Ebing, Richard Freiherr v. 94
Krebs 165 f., 224
Kreidekreischen (Tafelkratzen) 143, 158 bis 161
Kreiner, David 50
Kruger, Justin 185, 188, 190

Laborjournal 11, 53, 75
Lancet 52 f.
Langlebigkeit (s. Ehe)
Larivière, Serge 130
Lärm beim Essen 20 f.
Laroche, Michel 64
Larson, Gary 86
Lawson, Lartey 113
Lee, C. T. 136
Leel Lee Leung 64
Legebatterien 111
Lehnert, Gerhard 18 f.
Lehrer 32-36
Leike, Arnd 67-70
Lempel-Ziv-Komplexität (LZC) 208
Lesegeschwindigkeit 99
Leuchttest 201
Lichtdurchlässigkeit d. Augengewebes 201
Lieberman, Joel 76, 80
Liebig, Justus 214
Linear 216, 220, 222
Linguale Nociceptoren 40
Loeb, Heinrich 153, 157

Luftstrom (s.a. Bernoulli-Effekt) 28
Luftwiderstand 23
Luminol 201 ff., 220

Magnus, Heinrich Gustav 27
Magnus-Effekt 27
Mainstone, John 83 f.
Mais 96 f.
Makaken (Affen) 161
Mannarelli, Thomas 125
Margolies, Eleanor 71, 73
Marihuana 74 f., 228
Marketing Intelligence & Planning 64
Martin, Oliver 90, 92
Martin, Patrick 90, 92
Martini 98, 201-206
Massachusetts (Universität) 22
Mathematik 15, 69, 71, 87, 101 f., 214 f., 218, 220, 222
Maugham, William Somerset 206
McGregor, A. 89
McGregor, Holly 80
Melenis, S. M. 95
Meyer, Michael 18 f.
Michelson, Larry 20 f.
Milzbrand-Briefe 104, 232
Ministerium für Staatssicherheit (MfS, Stasi) 216
Monogamie 130
Mooresche Regel 216
Morris, Margaret 125
Morris, Martina 15 ff.
Mosquito and Fly Research Unit, US-Landwirtschaftsministerium 120
Moss, Kate 117
Mozart, Anna Maria 54
Mozart, Leopold 55
Mozart, Maria Anna Thekla (Bäsle) 56
Mozart, Nannerl 54
Mozart, Wolfgang Amadeus 54 f.
Mozart-Biografien 55
Mücken 120 f., 233
Multiple-Choice-Test 18, 50
München (Universität) 67
Münchener Medizinische Wochenzeitschrift 157
Murphy, Ed 178 f., 181-184
Murphys Gesetz 172, 178 ff., 182 ff., 190
Murray, James D. 101 ff.

n 41, 65, 74, 86, 137, 171, 220, 227
Nachkochen 218
Nacktfotos 110, 138
Nacktheit 34, 94, 108 ff., 140
Nahrungssuche 36, 210
Napoleon Bonaparte 72
NASA 46

Nature 17, 39, 115
Neon 121
Nerd 11, 67, 103, 221
Nerze 128
Neumeister, Heike 207, 210
Neurobiologie 40
Neurotizismus 66, 221
Neurowissenschaft 158, 207
Nevada (Universität) 79
New York Times 174
Newton, Jonathan 123
Nichols, George 179, 181-184
Nicht-linear 208 f., 220 ff.
Nobel, Ignaz 218
Nobelpreis 11, 218
 – N. f. Chemie (1986) 44

Odobenus (s. Walross)
Oikos 128, 130
Ontario (Universität) 202
Orsman, Harry 123
Orthopädische Chirurgie 134

p (Wahrscheinlichkeit) 32, 59, 75, 110, 141, 166, 172, 187, 202, 208, 220, 222 f., 226 f.
Palilalie 55
Paper 225
Parasiten 117
Parnell, Thomas 81, 85
Patelli, Paolo 114, 116
Pedersen, Birgit 63
peer review 94, 225
Penisknochen (*baculum*) 128 ff.
Penislänge 153-156
 – beschnittener Penis 156
 – erigierter Penis 155
 – erschlaffter Penis 155 f.
Pentan 96
Perception & Psychophysics 161
Perceptual and Motor Skills 175 f.
Performance Research 71 ff.
Persönlichkeitsdarstellung 124
Persönlichkeitstest 65
Pessach-Fest 162
Phänotyp 117, 217, 225
Pharmakologie 207
Phillips, David 167
Phillips, Rosalie 167
Physik 22, 38, 67 ff., 81 f., 180, 207
Pinguine 118
Playboy 32, 110
PNAS 115
Poiseuille, Jean-Louis Marie 82
Polygynie 130
Pornografie 94, 137-142
ppm *(parts per million)* 75, 225
Prendergast, Gerard 64

Proceedings of the National Academy of Sciences of the United States of America 116
Promotionsurkunde 217, 219
Prostituierte *(commercial sex workers)* 15 f.
Psychological Reports 95, 175 f.
Psychologie 79, 101, 185 f., 188, 209
Psychophysik 40
Psychosomatic Medicine 60

r (Korrelations-Koeffizient) 88, 102, 119, 154, 186, 208, 218, 220, 225, 228, 231
Radio Eins/ORB 12
Radioaktivität 67 f.
Rahman, F. 203
Raketenfrosch (s. Colostethus nubicola)
Ramadan 162
Rapp, Paul 207, 210
Ratten 41 ff., 151, 201
Rauchen 65, 74 f., 146 f., 150, 225
Reading Research and Instruction 51
Regenwürmer 194
Review of Economics and Statistics 164
Richardson-Dimension (D_R) 208
Rochester (Universität) 79
Rollenverteilung zwischen Männern und Frauen 62

Saad, Gad 64
Salvarsan Ehrlich 606 94
Sandvik, Hogne 197
Sanotra, Gurbakhsh 13
Sauerstoff 19, 202, 214
Säugetiere 130, 133
Saure Sahne 194-197
Schafe 96 f.
Schaffrath, Michaela 114
Scheidung 32-35, 144
Schiffer, Claudia 117
Schlafzimmer 124 f.
Schmidt, David 22 ff.
Schmidt, Stephen 108, 110
Schnarchen 18 f.
Schonfeld, William A. 154 f
Schönheit (s. a. Gesichts-Symmetrie) 37, 69, 117, 227, 232
Schuhgröße u. Penislänge 153-156
Schwarzbären 128
Schweigen der Lämmer, Das 12
Schweine 96 f.
Schwerkraft 23, 180
Sehschwäche 144
Sehtest 143 f.
Sei Jin Ko 125
Selbstbespucken 131 ff.
Selbstbewusstsein 66
Selbstbild 124, 213

Selbstwahrnehmung u. Berufswahl 65
Sex (s.a. Pornografie) 101, 137-140, 221
Sexualforschung 94
Sexualpartner, Anzahl d. 15 ff.
Shah, Jyoti 155 ff.
Shuk Wai Ng 64
Siddique, A. 145
Signifikanz (s. Wahrscheinlichkeit, p)
Silvers, Vicky 50 f.
Siminoski, Kerry 154, 157
Simkin, Benjamin 54 ff.
Simons, Christopher 43
Slaby, A. 95
Sleep 19
Slemrod, Joel 162 ff.
Smilisca paeota 150
Smilisca sordida (Graubrauner Baumforsch) 150
Snellen-Test 143
Snieder, H. 89
Soda Pop Vending Machine Injuries (s. Getränkeautomat)
Sogwirkung (s.a. Bernoulli-Unterdruck) 22 f., 25-28
Solnick, Sara 198, 200
Solomon, Sheldon 80
Sonic Wind 181
Southampton (Universität) 98
Sozialverhalten v. Schimpansen 209
Sozialwissenschaft 35 f., 77, 122, 138, 213
Soziolekt 226
Spark, Nick 178 ff., 184
Spector, T. 89
Speichel 131 f.
Sperma 128, 130
Spinnen 151
Sprachgewohnheiten 170
Sprudelwasser 40-43, 218
St. John's University, New York 168
St. Marry's Hospital, London 154
St.-Thomas-Krankenhaus, London 86
Staatliches Gesundheitssystem 135
Standardabweichung 51, 226 f.
Stapp, John Paul 180-184
Statistik 16, 115, 154, 186, 224
Staubbad 111 f.
Sterben 162-166
Sterblichkeitsmanipulation 77
Steuerersparnis 162 f.
Stichprobe 155, 171, 227
Stichprobenfehler 15, 150, 227
Still, Mary 32 ff.
Stinktiere 130
Stoffwechselforschung 153
Storchproblem 18, 35 f., 57, 144, 199, 220, 228
Stubbe, Maria 123

Substrat 111, 228
Swanson, C. 103
Swanson, K. R. 103
Syphilis 94

Tafelkratzen (s. Kreidekreischen)
Tarantino, Quentin 46
Taxifahren 143 f.
Taylor 29
Technorama Science Center 196
Teer 81-85
telling tail (Überhang) 15 ff.
Teresa (gen. Mutter Teresa) 105 f.
Testperson (s. Versuchsperson)
Tetra-Hydro-Cannabiol (s. THC)
Texas, Christian University 137
Textmarkierungen 50 f.
Thanksgiving 165 f.
THC (Tetra-Hydro-Cannabiol) 74 f., 228
Time Magazine 184
Times, The 98 f.
Toronto (Universität) 153
Tourette 54 f.
Tower, Roni Beth 59 f.
Tragflächen 25 f.
Trevithick, Colleen 201, 203
Trevithick, John 201, 203
Trinkaus, John 168-177
Tripper (Gonorrhö) 93, 153
Tropical Doctor 145
Twin Research 89
Tyson, Mike 46
Tyson, R. 103

Umwelteinflüsse 66, 88, 189, 217, 223, 225, 228
Union Investment 114
Ursinus College, Collegeville 207
US-Bundesfinanzverwaltung 163
U.S. Fish and Wildlife Service 129

V1-Rakete 181
Vaginalsymbol 94
Vaterschaftstest 32, 36
Ventral 207, 215, 229
Verhalten 88, 102, 132 f., 137 f., 151 f., 169, 173, 209 f., 225
Verhaltensforschung 118, 209
Verhaltenstraining 20
Verkehrsforschung 200
Verkehrsprolet 198 f.
Verkehrsunfälle 86, 143 f., 146, 169, 198 f.
Versuchsperson(en) (VP) 42, 50 f., 65, 74 f., 76 f., 88, 98 f., 101, 104 ff., 108, 124 f., 127, 137, 141, 150, 155 f., 158 ff., 180, 186, 188 f., 224, 229
Verwirbelungen 22 f., 26

Vesterggard, K. 113
Vielfraße 128
Villon, François 5
Vogt, Thomas 53
Vortex 202, 229
VP (s. Versuchsperson)

Wackeln u. Lesen 98 f.
Wahlman, J. 203
Wahrnehmung 88, 108, 213, 221 f.
Wahrscheinlichkeit (s.a. p) 68, 102, 163, 208, 215, 222, 226
»wall hugging effect« (Wand-Kuscheln) 208
Walross *(Odobenus)* 129 f.
Warenhäuser 173
Washburn-Gleichung für Kapillarflüsse 38
Washington (Universität) 15
Washington Post 34
Wassersug, Richard 149 f., 152
Weihnachten 62 f., 165 f., 173
Weihnachtsmann 168, 173 ff.
Werbung 61 ff., 223
Wermut 201, 203 f., 206
Wessells, Hunter 155
Wheeler, McArthur 185 f.
Widowski, Tina 111, 113
Wiest, Gunther 18 f.
Williams, P. 136
Williams, Robin 79
Williamson, Donald 20 f.
Winterthur 196
Wirbeltiere 128
Wirtschaftspsychologie 61, 65
Wirtschaftswissenschaften 61, 146 f., 162, 168
Wissenschaftliche Begriffe 213-229
Wissenschaftsgeschichte 83
Witz 86 ff., 186 f., 191 ff.
Wodka 206
Wohltätigkeitsveranstaltung 134
Wölfe 96 f.

Y-Chromosom 213
Y2K-Millenniums-Bug 162
Yale (Universität) 57 f.
Young, Donn 165 f.

Zech, Paul 5
Zeitschrift für Tierpsychologie 133
Zerfallsvorgang 220
Zicklin School of Business 168
Ziegen 90, 209
Zigaretten 34, 44, 147, 225
Zoologie 118
Zoologische Nomenklatur 90 f.
Zovko, Ilija 114, 116